Hesse/Schrader

Bewerbung für Hochschulabsolventen

Vorbereitung, Recherche und
Zusammenstellen der Unterlagen

Die Autoren

Jürgen Hesse, geboren 1951, geschäftsführender Diplom-Psychologe im Büro für Berufsstrategie, Berlin.

Hans Christian Schrader, geboren 1952, Diplom-Psychologe in Baden-Württemberg.

Anschrift der Autoren
Hesse / Schrader
Büro für Berufsstrategie
Oranienburger Straße 4 – 5
10178 Berlin
Tel. 030 28 88 57-0
Fax 030 28 88 57-36
www.hesseschrader.com

Verlag und Autoren bedanken sich bei den auf den Bewerberfotos abgebildeten Personen und bei den Fotografen Regine Peter und Katy Otto (Fotos auf S. 112 und S. 211 © Katy Otto).

Coverbild: sanjeri / iStockphoto

ISBN 978-3-8490-2094-1
© 2017 Stark Verlag GmbH
www.berufundkarriere.de

INHALT

FAST READER

Personalchefs prüfen anders als Professoren. In der Arbeitswelt gelten nicht dieselben Regeln wie an der Uni. Um berufliche Ziele zu verwirklichen, bedarf es neben Fachwissen auch noch ganz anderer Kenntnisse und Fähigkeiten. Wer als Hochschulabsolvent nach erfolgreich bestandener Abschlussprüfung einen Arbeitsplatz finden möchte, muss bereits in seinen Bewerbungsunterlagen Kompetenz, Leistungsmotivation und Persönlichkeit (KLP) deutlich erkennen lassen. Dieser Ratgeber hilft Ihnen dabei, Ihre Bewerbungsunterlagen individuell und überzeugend zu gestalten. So haben Sie größere Chancen, sich von anderen Bewerbern positiv abzuheben und zum Vorstellungsgespräch eingeladen zu werden.

Was Sie von diesem Buch erwarten können:

- alles zu Selbsterkenntnis, Selbstdarstellung und Selbstpräsentation (ab S. 15)
- eine präzise Analyse Ihrer Ausgangsposition als beste Startvoraussetzung (ab S. 31)
- Beispiele und Checklisten
- Anregungen für die Gestaltung und alle möglichen Bestandteile Ihrer überzeugenden Bewerbungsunterlagen (ab S. 119)
- Tipps rund um E-Mail-Bewerbung, Onlineformular & Co. und neue Formen der Bewerbung (ab S. 169)

Als frische Diplom-Psychologie-Absolventen mussten wir uns auf dem Arbeitsmarkt bewerben. Das war der Anlass, uns mit der Thematik Einstieg in die Arbeitswelt intensiv zu beschäftigen und herauszufinden, wie die Spielregeln gehen. Der Vorgänger dieses Buches entstand, dem über 200 weitere Bücher zum Themenkreis Bewerbung, Beruf und Karriere folgten.

Über 7 Millionen verkaufte Hesse/Schrader-Bücher allein im deutschsprachigen Raum sind unsere Erfolgsbilanz. Das, was wir hier empfehlen, praktizieren wir mit unseren Klienten tagtäglich in unserem Büro für Berufsstrategie. Seit 1990 beraten wir Menschen in allen Karrierefragen.

AUFTAKT &
EINSTIMMUNG

Jammern über die Arbeitsmarktlage für young professionals bringt nichts – höchstens das Gefühl, ein bisschen Frust abzulassen. Dagegen ist auch nichts zu sagen, wenn man es dabei nicht belässt, sondern überlegt, was zu tun ist, was einen wirklich beruflich weiterbringt.

➡ Trauen Sie sich ... und vor allem trauen Sie sich etwas zu!

Wenn Sie sich jetzt beruflich erstmalig orientieren, sind viele wichtige Dinge zu beachten. Erster und alles entscheidender Schritt ist es, die richtige Einstellung zu finden. Alles steht oder fällt mit Ihrem Bewusstsein. Wissen Sie erst einmal, worauf es wirklich ankommt, kennen Sie also die Weichensteller im Bewerbungsverfahren und im Berufsleben (Kompetenz, Leistungsmotivation, Persönlichkeit), dann haben Sie wahrscheinlich auch das richtige (Selbst-) Bewusstsein. **Ohne Selbstbewusstsein, ohne Mut und ohne Unterstützung ist alles doppelt oder gar dreifach so schwer.**

Die richtige Sichtweise macht die »Arbeit mit der Arbeitssucherei« schon wesentlich erträglicher. Und wenn Sie dann noch ein wenig über die Fähigkeit der angemessenen Selbstdarstellung verfügen, ist der Erfolg Ihrer Suche lediglich eine Frage der Zeit. **Trauen Sie sich etwas zu. Wenn nicht Sie, wer denn dann?**

Wir sagen: Der Erfolg Ihres Bewerbungsvorhabens hängt sehr stark von Ihrer **inneren Einstellung** ab. **Ihre Aufgabe:** andere von sich und Ihrer **Leistung** zu **überzeugen.** Wie können Sie das, wenn Sie selbst nicht richtig überzeugt sind?

Vor Ihnen liegt ein vielleicht nicht ganz einfacher Weg. Stellen Sie sich darauf ein und entwickeln Sie die Vorstellung, dass das Ganze eine Art Reise ist. Und dazu bedarf es selbstverständlich einer äußerst sorgfältigen **Planung und Vorbereitung,** um das Projekt erfolgreich durchzuführen und das **Ziel zu erreichen.** Je besser Sie vorbereitet sind, desto weniger bringen Sie auftretende Schwierigkeiten vom Weg ab.

Sie werden zunächst vor allem folgende Dinge brauchen:
- Mut und Durchhaltevermögen
- Engagement und Zielorientierung
- Unterstützung und das berühmte Quäntchen Glück

Entscheidend für Ihren persönlichen Erfolg sind die folgenden Weichensteller, die Essentials eines jeden Bewerbungsvorhabens:
- **Kompetenz** (berufliche und persönliche, das Wissen um die Dinge, auf die es wirklich in der Arbeitswelt ankommt)
- **Leistungsmotivation** (der Wunsch, etwas leisten zu wollen, Zielstrebigkeit)
- **Persönlichkeit** (das bedeutet zunächst einmal Charakterstärke, Mut, Ausdauer und Aufgeschlossenheit)

Zu Ihrer Zielorientierung (Sie wollen einen Job ... schön und gut, aber geht das auch noch etwas konkreter?) kommen acht weitere sehr wichtige Faktoren hinzu.

1. Entwickeln Sie Ausdauer, Geduld und Gelassenheit

Ausdauer gehört sicherlich zu den wichtigsten Faktoren für ein erfolgreiches Bewerbungsvorhaben. Wer zu schnell resigniert, wird sein Ziel niemals erreichen. Wer hingegen – trotz offensichtlicher Aussichtslosigkeit – zu lange an einer Sache festhält, blockiert sich unnötig selbst. Erkennen Sie, wann **Beharrlichkeit** notwendig ist und wann **Flexibilität**. Das muss sich übrigens nicht nur auf das Berufsleben beschränken, auch in anderen Situationen, wie im wiederholten Werben um einen Menschen, in den man verliebt ist, kann ein realistisches Maß an Beharrlichkeit zum erhofften Ergebnis führen. Auch wenn Sie gelegentlich einen Durchhänger haben, geben Sie nicht auf.

2. Bleiben Sie gelassen

Haben Sie keine Angst vor Rückschlägen. Alle Menschen machen Fehler, und niemand begeht sie absichtlich. Was Menschen jedoch unterscheidet, sind die Konsequenzen daraus. Viele Menschen entwickeln Versagensängste, die meist schon in der Kindheit entstehen und einem erfolgsorientierten Handeln im Wege stehen. Einen Fehler zu begehen ist jedoch nicht dasselbe wie Versagen. Lernen Sie aus Fehlern und machen Sie sie möglichst nicht noch einmal.

3. Erkennen Sie Ihre wirklichen Fähigkeiten

Sie müssen den Arbeitgeber von Ihrer Leistungsfähigkeit überzeugen. Mehr als alles andere interessiert ihn, welchen Gewinn es ihm bringen wird, wenn er Sie einstellt. Seien Sie also auf die Frage: »Was können Sie für mich, für das Unternehmen tun?« vorbereitet. Ziehen Sie eine Bilanz Ihrer Fähigkeiten und Stärken und fragen Sie sich, welche Eigenschaften Sie wirklich für die angestrebte Stelle qualifizieren.

Falls Sie keine Berufserfahrung mitbringen (wobei Sie doch sicher neben dem Studium gearbeitet und Praktika absolviert haben), weil Sie gerade erst Ihr Studium beenden, fällt es Ihnen womöglich schwerer, Erfolge anzuführen, die den Arbeitgeber neugierig auf Sie machen. Natürlich ist Ihr guter Abschluss eine großartige Leistung, die Sie nur durch Zielstrebigkeit und Leistungswillen erreicht haben. Der Personalchef will jedoch nicht nur wissen, was Sie gelernt haben, sondern vor allem, **was Sie können und tun werden**.

Sie sollten jetzt **Antworten auf genau diese Frage finden**, damit Sie im Gespräch mit dem Arbeitgeber nicht ins Stottern geraten. Wenn Sie Ihre **Schlüsselqualifikationen**, Ihre spezifischen Fähigkeiten nicht spontan benennen können – so geht es übrigens den meisten Leuten –, erarbeiten Sie sich jetzt die Antworten. In diesem Buch finden Sie Übungen, die Ihnen dabei helfen.

4. Entwickeln und stärken Sie Ihr Selbstvertrauen

Im Laufe des Bewerbungsprozesses sollten Sie in der Lage sein, dem Arbeitgeber selbstbewusst gegenüberzutreten, wobei diese Sicherheit durch das Bewusstsein der eigenen Fähigkeiten und Motivation viel eher und besser zustande kommt. Weder übersteigertes Selbstwertgefühl noch übertriebene Bescheidenheit sind auf dem Arbeitsmarkt gefragt.

Sie werden im Verlauf des Buches und überhaupt im Leben selbst immer wieder darauf stoßen: Besonders derjenige ist erfolgreich, der weiß, was er will und was er kann. Wenn Sie mit Entscheidungsträgern sprechen, sollten Sie ihnen etwas zu bieten haben, denn kein Arbeitgeber hat Lust, seine Zeit zu verplempern. Sie müssen ihm das Gefühl geben, dass er von einem Gespräch mit Ihnen profitiert. Stellen Sie dabei nicht Ihre Person, sondern **Ihre Leistungen in den Vordergrund**. Und Studium, Praktika und Nebenjobs können schon etwas darstellen, wenn Sie entsprechend darüber berichten.

5. Bilden Sie Ihr Bewusstsein

Entwickeln Sie Ehrgeiz, den Erfolg potenzieller Arbeitgeber zu steigern. Denken Sie nicht (länger): »Arbeit ist das, was ich von neun bis fünf mache, damit ich genug verdiene. Das Leben findet nach fünf und an den Wochenenden statt.« Die Vorstellung von Arbeit als Zwang und Freizeit als Vergnügen ist immer noch weitverbreitet und geht Hand in Hand mit dem naiven Wunsch, für wenig Arbeit möglichst viel Geld zu bekommen. Dass man mit dieser Einstellung im Berufsalltag weder glücklich noch erfolgreich sein wird, liegt auf der Hand. Wenn Sie sich jetzt also beruflich orientieren, sollten Sie dabei unbedingt Ihre Interessen berücksichtigen, denn sonst wird es Ihnen am nötigen Engagement, dem echten Enthusiasmus fehlen.

Und noch etwas ist sehr wichtig: Für Ihre eigene Person benötigen Sie jetzt eine Art **Bewusstseinstraining** und **mentale Vorbereitung** auf das von Ihnen angestrebte berufliche Ziel. Sie sollten Ihr Wissen um besondere Spezialkenntnisse erweitern, die Ihnen bei der Realisierung Ihres Vorhabens entscheidend helfen werden. Dazu ist eine intensive Auseinandersetzung mit Ihren Vorstellungen, inneren Werteinstellungen und realistischen wie unrealistischen Wünschen unbedingt notwendig. Allzu häufig werden gerade an diesem wichtigen Vorbereitungspunkt Fehler gemacht, die ein Bewerbungsvorhaben ungemein behindern, manchmal sogar verhindern.

6. Suchen Sie sich Unterstützer

Sie werden das Projekt Bewerbung kaum ohne Hilfe und Unterstützung durch andere meistern. Sie brauchen **moralische Unterstützung**. Vielleicht kennen Sie Ihre Stärken bereits und wissen, dass Sie leistungsfähig und qualifiziert sind. Es ist hilfreich, dies auch von anderen zu hören. Sie brauchen Freunde, die sagen: »Du kannst das!«, die Ihnen aber auch Unbequemes, Kritisches sagen (dürfen). Intensivieren Sie Kontakte zu denjenigen in Ihrem Bekanntenkreis, die genau wie Sie gerade Erfolg versprechend am eigenen beruflichen Ein- oder Aufstieg arbeiten, denn hier können Sie vielleicht am ehesten mit konstruktiver Hilfe rechnen.

7. Entscheidend ist die innere Einstellung

Finden Sie heraus, was Sie beruflich wirklich wollen, sammeln Sie Ihre Kräfte und konzentrieren Sie sich auf die **Strategie**, die Sie an Ihr berufliches Ziel bringt. Erfolg kommt selten von allein. Natürlich helfen auch Glück und Zufälle, aber durch gute, gezielte Vorbereitung können Sie Ihre Erfolgschancen entscheidend verbessern. Arbeitsplatzsuche ist fast eine Vollzeitbeschäftigung. Wenn Sie nicht täglich mehrere Stunden investieren, suchen Sie nicht richtig und machen sich selbst etwas vor.

Für Schwarzseher bleibt die Jobsuche meist von vornherein erfolglos. Es hängt also auch von Ihrer inneren Einstellung ab, wie lange es dauert, bis Sie einen angemessenen Arbeitsplatz finden, und welche berufliche Position Sie letztendlich erreichen werden.

8. Seien Sie sympathisch

Hervorragendes Fachwissen, erste Erfahrung, gute Studienleistungen, tolle Bewerbungsunterlagen sind das eine – das andere ist der persönliche Kontakt, von Angesicht zu Angesicht oder auch zunächst nur am Telefon oder schriftlich per Mail. Erst in der persönlichen Begegnung wird sich herausstellen, ob die Chemie zwischen Ihnen und Ihrem Gegenüber stimmt, ob Sie wirklich einen sympathischen, motivierten und überzeugenden Eindruck machen und so Ihrem Ziel näherkommen. Der erste Eindruck entscheidet bei zwei Gesprächspartnern innerhalb von wenigen Sekunden über Sympathie oder Antipathie. Er findet nicht nur in der ersten persönlichen und direkten Begegnung statt, sondern schon bei der schriftlichen oder telefonischen Kontaktaufnahme und vor allem, wenn man etwas im Internet über Sie liest.

Sympathie ist die Basis von Vertrauen. Wenn Ihnen jemand erst einmal vertraut, dann traut er Ihnen auch gewisse Kompetenzen zu, ist bereit, an Ihre Fähigkeiten zu glauben, Ihnen beruflich eine Chance zu geben.

Während Sympathie (wie auch Antipathie) bei einer ersten Begegnung spontan spürbar ist, werden die Schlüsselmerkmale Leistungsmotivation und Kompetenz zugeschrieben. Diese offenbaren sich nicht so schnell wie das zentrale, auf die Persönlichkeit bezogene und auch durch unbewusste Faktoren mitgesteuerte Sympathiegefühl. **Wer jedoch leistungsmotiviert und kompetent wirkt, macht sich zusätzlich zu seinen sonstigen Persönlichkeitsmerkmalen sympathisch** und trägt beim Jobanbieter oder Auftraggeber dazu bei, dessen Bedürfnis nach Erfolg zu realisieren.

Sympathie- oder Antipathiegefühle werden stark durch unser Auftreten hervorgerufen. Hierbei spielt insbesondere unser Aussehen, aber vor allem auch unsere Körpersprache eine große Rolle. Schon bei der Begrüßung und bei der Verabschiedung gilt es aufzupassen: Bei einem Händedruck beispielsweise sollten Sie darauf achten, dass er kräftig ist (ohne zu übertreiben), da Sie so Ihrem Gegenüber »Aufrichtigkeit und Sicherheit« signalisieren.

Das sind die wichtigsten Faktoren, die übrigens auch auf Telefonate zutreffen:
- die richtige Haltung einnehmen und bewahren
- Ihr Blick
- Ihre Stimme
- Ihr Aussehen und Outfit
- mit Worten gewinnen
- freundliches, entspanntes Lächeln
- Konzentration, gut zuhören
- Interesse zeigen, gut zuhören
- Aufmerksamkeit schenken
- Lob und Wertschätzung aussprechen
- immer wieder gelegentlich zusammenfassen, was Ihr Gegenüber gesagt hat
- nachfragen und um Rat bitten

Auftakt & Einstimmung

- **Worauf es beim Bewerben wirklich ankommt**
  Bevor Sie Bewerbungsunterlagen erstellen, konzentrieren Sie
  sich zuerst darauf, was SIE wirklich wollen und auch bereit sind
  zu leisten. Wofür stehen Sie, was zeichnet Sie aus, in welchem Job
  können und wollen Sie Ihre Fähigkeiten und Talente erfolgreich
  einbringen? Und wer und was kann Sie dabei wie unterstützen?

- **Stärken Sie Ihr Selbstbewusstsein**
  Sich der eigenen Fähigkeiten und Fertigkeiten, Talente und Erfolge
  bewusst zu werden stärkt Ihr Selbstbewusstsein. Erstellen Sie ein
  »Erfolgsregister« Ihrer bisherigen beruflichen und privaten Leistungen. Was hat Sie bei welcher Aufgabe und deren Problemlösung
  besonders gereizt? Diese Motivationsfaktoren gehören in den Fokus Ihrer beruflichen Überlegungen. So gestärkt starten
  Sie besser in den Bewerbungsprozess.

- **Entwickeln Sie neue Selbstwirksamkeitskräfte und**
  trainieren Sie erfolgsorientiertes Denken und Handeln
  Wenn Sie sich Ihrer Stärken und bisherigen Erfolge bewusst sind,
  entfaltet sich auch Ihre Selbstwirksamkeit, das Bewusstsein für
  Ihre Veränderungskräfte, aufs Neue. Das wirkt sich positiv
  auf Ihre beruflichen Aktivitäten aus und überträgt sich auf den gesamten Bewerbungsprozess. Auch Personalverantwortliche spüren
  das im Gespräch mit Ihnen. Sehen Sie sich nicht als »Opfer« wid-
  riger Umstände oder gesellschaftlicher Bedingungen. Stellen Sie
  das Positive in den Mittelpunkt Ihres Denkens. Ihre optimistische,
  selbstbewusste Ausstrahlung wird einen günstigen Einfluss auf
  Ihre Jobsuche und den gesamten Bewerbungsprozess haben.

- **Eigeninitiative zählt**
  Viele Bewerber verhalten sich reaktiv. Sie bewerben sich »nur« auf
  Stellenausschreibungen. Erweitern Sie proaktiv Ihren Gestaltungs-
  spielraum. Betreiben Sie aktiv Networking, veröffentlichen Sie
  selbst Jobsuchanzeigen (Online und Print) und machen Sie potenzielle Arbeitgeber mittels Internet (Social Media, Foren, Blogs,
  eigene Homepage) auf sich aufmerksam.

SELBSTDARSTELLUNG & SELBSTINSZENIERUNG

Zwischen Selbsterkenntnis und Selbstpräsentation

Eine Bewerbung ist immer eine besondere Form der Selbstpräsentation und damit eine klassische schriftliche (und bei einem Vorstellungsgespräch mündliche) **Test- und Prüfungssituation.** Und logisch: Darauf sollten Sie sich sehr gut vorbereiten. Investieren Sie Zeit und bedenken Sie, dass Ihr selbst gestalteter Internetauftritt auf Facebook oder XING, Ihr Wortbeitrag im Forum X und Ihre Liste an Lieblingsliteratur bei einem großen Buchversand bereits Faktoren sind, die das Bild, das andere sich von Ihnen machen, klar beeinflussen.

Die drei Bausteine **Selbsterkenntnis, Selbstbewusstsein und Selbstvertrauen** bilden dabei eine **solide Ausgangsbasis** und helfen Ihnen in der **gezielten Vorbereitung und Auseinandersetzung.**

1. Selbsterkenntnis – Ihre Kenntnisse, Fähigkeiten und Wesensart

Die Herausforderung besteht darin, Menschen, die sich für Sie und Ihre Mitarbeit interessieren, oder von denen Sie es sich wünschen, dass sie sich für Sie interessieren mögen, von Ihrer **Kompetenz, Leistungsfähigkeit und Wesensart** zu überzeugen. Das sind beruflich gesehen natürlich sehr häufig potenzielle Arbeit- bzw. Auftraggeber. Mehr als alles andere interessiert diese Menschen, welchen Gewinn es bringen wird, wenn man sich mit Ihnen beschäftigt, Ihnen vertraut, etwas zutraut, Sie gegebenenfalls beauftragt oder einstellt.

Seien Sie also auf die Frage »Was können Sie für mich / uns, für das Unternehmen tun?« vorbereitet. Ziehen Sie vorab eine Bilanz Ihrer Fähigkeiten (Kompetenzen) und Stärken, und fragen Sie sich, welche Erfahrungen und Eigenschaften Sie für bestimmte Aufgaben, Aufträge und / oder eine angestrebte Position besonders qualifizieren. Vier bis sechs Kompetenz-, Leistungs- und Persönlichkeitsmerkmale sollten Sie von sich klar vermitteln und durch kleine Geschichten, die diese illustrieren, unterfüttern können. Welche Merkmale sind von spezieller beruflicher Relevanz für einen Auftraggeber und wie können Sie diese mit Beispielsituationen aus Ihrem Alltag glaubhaft belegen?

2. Selbstbewusstsein – die Beherrschung der Spielregeln

Selbstbewusst auftreten, ein ausgeprägtes Selbstbewusstsein entwickeln und darüber verfügen können, wenn es darauf ankommt, ist insbesondere **in der Arbeitswelt von unschätzbarem Wert und verleiht Sicherheit.** Diese wird durch Ihr Bewusstsein über die eigenen **Fähigkeiten** (Ihr Angebot) und Ihre **Motive** (was verfolgen Sie, was treibt Sie an?) stark beeinflusst. Bedenken Sie aber auch, dass weder übersteigertes Selbstwertgefühl noch übertriebene Bescheidenheit auf dem Arbeitsmarkt geschätzt werden. Stellen Sie bei Bewerbungen immer etwas weniger Ihre Person und Kompetenz als vielmehr Ihre **Leistungen**, die Sie in der Lage sind, für Ihren Auftraggeber zu erbringen, in den Vordergrund und geben Sie so dem Entscheidungsträger das Gefühl, dass er persönlich, dass sein Unternehmen davon profitiert, wenn man sich für Sie als den zukünftigen Mitarbeiter entscheidet.

3. Selbstvertrauen – Ihr Glaube an Ihre Selbstwirksamkeit

Die Erfolgsaussichten Ihrer beruflichen Ambitionen verbessern sich entscheidend, wenn Sie ein stabiles Selbstvertrauen haben. Sie erlangen und steigern dieses durch unerschütterlichen Glauben an die eigenen **Fähigkeiten,** Ihre **Kompetenzen** und Ihre **Leistungsmöglichkeiten** sowie insbesondere durch die **Kenntnis der Spielregeln des Arbeitsmarktes.**

Die Beschäftigung mit dem, was Sie können, wollen und anzubieten haben, hat für Sie vielleicht gerade erst begonnen. Jetzt geht es darum, wie Sie diese Erkenntnisse angemessen dem potenziellen Arbeitgeber oder ganz allgemein Menschen, mit denen Sie beruflich in einem Kontext stehen, vermitteln. Geben Sie einem Arbeitgeber das gute Gefühl, dass er mit Ihrer Unterstützung seine Probleme besser lösen kann. Und verdeutlichen Sie ihm, welchen Gewinn es ihm bringt, wenn er sich für Sie entscheidet, Ihre Expertise »einkauft«, Ihnen einen Auftrag erteilt.

> Grundlage für eine Auftragserteilung sowie für eine Einstellungsentscheidung ist – wenn Sie erst einmal zu einem Vorstellungsgespräch eingeladen worden sind – in der Regel etwa zu **60 Prozent** Ihre **Persönlichkeit** (Wesensart, Stichwort: Vertrauen), zu etwa **25 Prozent** Ihre **Leistungsmotivation** (Leistungsversprechen, Stichwort: Erfahrung und Können) und vielleicht nur noch zu etwa **15 Prozent** Ihre **fachliche Kompetenz.**

Wenn Sie sich jetzt durch eine erweiterte Selbsterkenntnis, ein deutlicheres Selbstbewusstsein und ein verbessertes Selbstvertrauen auch noch über Ihre berufliche Rolle klar werden, die Sie nach außen vermitteln wollen, treten Sie ganz anders auf, werden viel besser wahrgenommen und wirken deutlich überzeugender.

Herausforderungen: emotional, mental, digital

Auf den folgenden Seiten geben wir Ihnen einen kurzen Ein- und Überblick, welche Möglichkeiten der **überzeugenden Selbstdarstellung** in Bezug auf Ihre beruflichen Ziele existieren. Wir zeigen Ihnen hier die neuen Chancen einer gekonnt positiven Selbstinszenierung im Internet, aber auch Fallen und Gefahren auf.

Etwas pointiert gesagt: Es bestehen kaum noch Karrierechancen ohne virtuelle Unterstützung. Längst ist das Internet zu einem **Reputationsinstrument** mutiert. Und wer vollkommen unreflektiert seine Spuren in sozialen und beruflichen Netzwerken wie XING, LinkedIn oder Facebook hinterlässt, kreiert ein Bild seiner Person, das oftmals mehr schadet als nutzt. Dabei ist gezielter positiver Nutzen durchaus realisierbar, wenn man weiß, wie es anzustellen ist. Fasst man verschiedene Studien zusammen, kann man zur Einschätzung gelangen, dass bereits über 70 Prozent der Arbeitgeber soziale Netzwerke wie XING, experteer, Facebook oder Twitter nutzen, um geeignete Jobkandidaten aufzuspüren. Nahezu 100 Prozent der sogenannten Headhunter (Searcher) nutzen diese Medien, um interessante Kandidaten zu finden.

Was ist also schlimmer, fragt sich die internetgläubige Gemeinde: unvorteilhaftes bis schlechtes Auftreten im Internet oder wenig bis überhaupt keine Präsenz? In jedem Fall ist man gut beraten, sein Image im Internet selbst zu steuern. Und nur Naive glauben, dies nicht wesentlich beeinflussen zu können. Alle anderen setzen auf Personal Branding.

Personal Branding, der Prozess, zu einer Art persönlicher »Marke« zu werden, kurzum Ihre berufliche Selbstpräsentation in Form von Netzwerkprofilen, Foreneinträgen, Blog-Kommentaren und eventuell sogar Lieblingslisten (Fachliteratur), wird heutzutage notwendiger denn je, wenn Sie auf berufliche Bedeutung und Kompetenzattribuierung in Ihrem Berufs- und Geschäftsumfeld Wert legen. Immer mehr Menschen nutzen das Internet, um Imagebuilding-Prozesse und Impression Management aktiv zu betreiben.

Man sollte also die Spielregeln kennen und halbwegs sicher beherrschen. Je länger Sie in der Arbeitswelt unterwegs sind, desto mehr sind Sie in einer Art **Erklärungs- und Rechtfertigungssituation ob Ihrer beruflichen Spuren, Ihrer Erfolge, aber auch Misserfolge.** Man will sehr gezielt wissen, wer Sie sind, was andere über Sie denken und möglicherweise sogar aufgeschrieben haben. Also wird recherchiert, wird Ihr Profil unter die Lupe genommen und es werden von professionell arbeitenden Personalentscheidern Urteile (Referenzen) über Sie eingeholt.

Was können Sie dagegensetzen? Was tun, statt dies nur passiv hinzunehmen und nie genau zu wissen, was jemand, der gezielt sucht, über Sie herausgefunden hat? Da hilft zunächst einmal nur eins: Googeln Sie sich selbst!

Googeln Sie Ihren Namen (Anführungszeichen nicht vergessen: »Laura Müller«) und schauen Sie genau hin. Recherchieren Sie sich selbst und Freunde, aber vielleicht auch Ihren potenziellen Gesprächspartner und Vorgesetzten und das Unternehmen, bei dem Sie sich bewerben wollen. Es ist unglaublich, was man im Internet alles findet. Und es ist schon recht überraschend, wie sehr Sie bei der Gestaltung dessen, was die Internetgemeinde über Sie in Erfahrung bringen kann, selbst aktiv mitwirken können.

Darum geht es bei der Selbstdarstellung

Was wissen Sie über so wichtige Themen wie Selbstinszenierung und Impression Management? Und welche Bedeutung haben diese im Zeitalter von Facebook, Google & Co., wenn es um einen neuen Arbeitsplatz geht oder ganz allgemein um Ihre berufliche Karriere?

Sie wollen und müssen sich als am Arbeitsmarkt Beteiligter informieren. Sie wollen für sich selbst und Ihre Branche relevante Neuigkeiten wahrnehmen und gleichzeitig auch selbst wahrgenommen werden sowie andere über sich informieren. Denn das erhöht die Chance, einen interessanten Job zu finden, wenn nicht sogar angeboten zu bekommen. Es geht darum, sich zu profilieren und das eigene berufliche Vorankommen zu forcieren.

Sie haben aber neben den fantastischen Chancen auch schon von erheblichen Risiken gehört, die diese Kommunikationsform beinhaltet. Da tauchen peinliche uralte Fotos auf, Jugendsünden, werden Lügengeschichten verbreitet, ist es zu Missverständnissen gekommen usw. Chancen und Risiken liegen im Internet dicht beieinander und man tut gut daran, zu wissen, welche Gefahren zu berücksichtigen sind und wie man Fehler vermeidet.

> Sicher ist: Am Arbeitsmarkt »richtig aufgestellt« zu sein bedeutet heutzutage immer mehr, sich wie ein Unternehmen nicht nur **aktiv um die Auftraggeber** (Kunden!), sondern auch **um sein Image Gedanken zu machen**. Dazu braucht es ein **Konzept**. **Wie will man sich darstellen und wahrgenommen werden** und das auch noch ganz speziell bezogen auf das Medium Internet und seine 1 000 (000) Möglichkeiten?

Zwischen den **Extrempolen**: »Ich trete auf, also bin ich« und »Mehr Schein als Sein« will man sich seiner Umwelt so präsentieren, sich so darstellen, wie man meint zu sein, wie man glaubt, schneller wahrgenommen und nachhaltiger anerkannt zu werden. Das ist alles andere als selbstlos, wertfrei und ungezielt! **Es geht bei Selbstdarstellung, Selbstinszenierung und Impression Management immer um Einflussnahme.** Darum, seinen Wirkungsgrad zu vergrößern, mit dem Ziel, in der Interaktion sein Gegenüber zu beeindrucken, zu steuern und auch eine gewisse Kontrolle auszuüben. Und dabei geht es nicht nur um das Bemühen um eine halbwegs angemessene, objektive Selbstdarstellung, sondern einen deutlichen Schritt weiter, um eine besondere Art der Inszenierung, eine noch viel stärkere, weitaus aktivere, gezielt eingesetzte Selbst-Darstellungsform.

Kurzum: Wer bin ich, und wenn ja, wie viele? Wem möchte ich was auf welcher Ebene von mir vermitteln, um was zu erzielen? Wir bewegen uns im Rahmen beruflicher Sphären, hier soll es nicht darum gehen, ob Sie potenziell oder prinzipiell ein/-e gute/-r Tanzpartner/-in sind oder wären, eine geeignete Elternfigur, Sportpartner/-in etc. Sie kennen den Begriff der Inszenierung vielleicht aus dem Theater, wo ein Stück durch den Regisseur, der dieses mit einer Gruppe von Schauspielern probt, eine besondere Interpretation erfährt.

Den **bewussten Steuerungsversuch**, die **Manipulation der Aufmerksamkeit** und die **Handhabung des Eindrucks**, den wir (oder auch eine Sache) auf andere haben, bezeichnet man auch im internationalen Sprachgebrauch mit dem Begriff des **Impression Management**. In Kontakt und kommunikativen Austausch zu kommen, wahrgenommen, entdeckt zu werden, Aufmerksamkeit zu binden, Anerkennung zu erlangen, ein angesehener Spezialist zu sein, dieses Ziel lässt sich heute durch Publikationen, mittels Videos auf YouTube, durch Profile und Fotos in sozialen Netzwerken oder Blogs leichter denn je steuern. Nahezu überall kann jeder zum Hauptakteur seiner eigenen Inszenierung, seines »Stückes« (Dramas) werden.

Wir alle befinden uns auf einer Bühne und das **Internet als Kontakt- und Kommunikationsinstrument, Informations- und Networking-Werkzeug** ist jetzt die **Plattform für unsere Selbstinszenierungen** in der digitalen Öffentlichkeit, privat, aber eben auch beruflich.

In den Medien präsent zu sein wird fast schon zum Normalfall. Das Internet macht es möglich und die Lust an der Selbstdarstellung, an der **gezielten Selbstinszenierung** wächst und wächst. Medienpsychologen fragen sich, warum wir so viel Aufmerksamkeit wollen. Man glaubt, herausgefunden zu haben, dass der eigentliche Antrieb so etwas wie Unsicherheit und Angst ist, obwohl es seit jeher als schick galt, sich selbst gezielt anderen gegenüber darzustellen. Das Interesse, die Neugier des Menschen auf den Menschen ist so alt wie die Menschheit selbst.

Ihre Kernkompetenz oder Ihr USP

Wie stellt man sich vorteilhaft dar, wie vermittelt man seine Kernkompetenzen, wie unterscheidet man sich angenehm von Mitanbietern der gleichen oder doch sehr ähnlichen Ware »Arbeitskraft«? Wie erstellt man von sich ein interessanteres Profil und wie und wo feilt man an seinem **USP**?

Unique Selling proposition oder unique selling point ist das **Alleinstellungsmerkmal, das Sie positiv von anderen Bewerbern der gleichen Fachrichtung unterscheidet.** Spätestens wenn der Personalentscheider oder Ihr direkter Vorgesetzter Sie im Internet recherchiert, zählen die »Fundstücke«. Und das überlassen Sie besser nicht dem Zufall. Mit unserem Leitfaden gelingt es Ihnen besser, sich selbst und später dann Ihren »Besuchern« (beispielsweise auf Ihrer Homepage) zu verdeutlichen, wofür Sie beruflich stehen.

Ganz konkret: Darum geht es inhaltlich

Zwei Dinge sind für Sie von besonderer Wichtigkeit, die wir Ihnen hier näherbringen und in vielen Facetten vorführen wollen, damit Sie wissen, was Sie gegebenenfalls tun oder vielleicht auch ganz bewusst lassen sollten, wenn es um Ihr berufliches Erscheinungsbild und um Ihr Image im Internet geht.

Anders ausgedrückt: Wie nimmt man einen Menschen wahr, der sich uns in einem beruflichen Zusammenhang präsentiert? Egal ob als Unternehmer, der einen Auftrag haben will, oder Bewerber, der ein Jobangebot bekommen möchte. Was sind die **Beurteilungskriterien**, wie versucht der Auftraggeber (egal ob ein Job zu vergeben ist oder eine Dienstleistung eingekauft werden soll) sich ein Bild von seinem Gegenüber, dem potenziellen Auftragnehmer zu machen?

Jetzt sind Sie spielerisch in der Rolle, zu überlegen, wie Sie vorgehen würden. Demnächst wollen Sie in die andere Rolle, auf die andere Seite wechseln, sich und Ihre Dienstleistung anbieten, optimal verkaufen, Menschen dazu bewegen, Ihnen zu vertrauen. Worauf kommt es dabei an?

- Zum einen kommt es auf besondere **Techniken der Selbstdarstellung** Ihrer beruflichen Fähigkeiten, Ihres Leistungspotenzials, aber auch Ihrer Motive und Wesensart an.

- Zum anderen geht es (ganz altmodisch ausgedrückt) um **Inhalte**, den Stoff, den Sie vermitteln möchten. Was zählt, was ist gut vermittelbar, wonach richtet man sich in der Beurteilung, wenn es um problemlösungsrelevante, fachliche und persönliche Fähigkeiten sowie Charaktermerkmale geht?

Wie überzeugen Sie genau die Menschen von sich, auf die es Ihnen ankommt? Denn sich auf einem immer komplexer werdenden (Arbeits-) Markt angemessen, sicher und vor allem erfolgreich in Sachen Selbstdarstellung zu bewegen ist leichter gesagt als getan. Zumindest warten da eine ganze Menge Fettnäpfchen. Wir helfen Ihnen, Peinlichkeiten zu vermeiden und besser: Wir sagen Ihnen im Folgenden, worauf es bei der **beruflichen Selbstdarstellung** wirklich ankommt.

Ihre Arbeitspersönlichkeit

Für die gezielte berufliche Selbstdarstellung sind zwei Orientierungsmodelle von einleuchtender, überzeugender Wirkungskraft: das KLP- und das etwas komplexere SOAP-Modell.

KLP-Modell

Das einfachere dieser beiden Modelle (entwickelt von Hesse/Schrader 1988) konzentriert sich auf drei Ebenen (**KLP**) und ist ganz schnell vermittelt.

- **Kompetenz:** umfasst alles, was Sie gelernt haben, Wissen und Können, vereinfacht: Ihre gesammelten beruflichen Erfahrungen, die Grundlagen
- **Leistungsmotivation:** das, was Sie bereits vorweisen können an beruflichen Erfolgen und was Sie glaubhaft in Aussicht stellen, noch alles in naher Zukunft zu tun
- **Persönlichkeit:** die Art und Weise, wie Sie ticken, aus welchem Holz Sie geschnitzt sind, wie Sie mit anderen umgehen, klarkommen

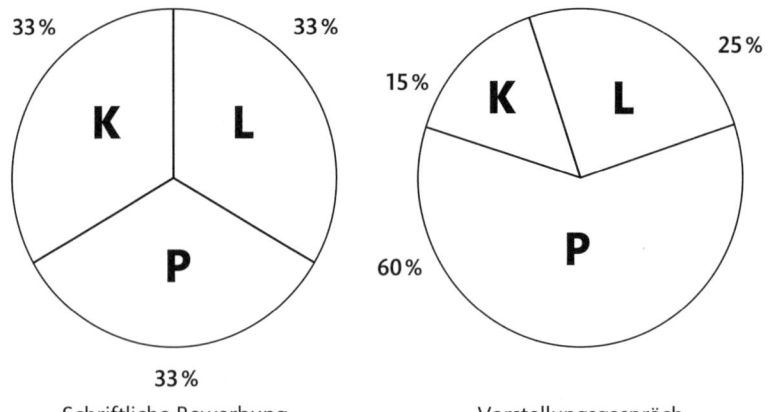

Schriftliche Bewerbung   Vorstellungsgespräch

SOAP-Modell

Diese etwas anspruchsvollere Modell arbeitet auf vier Ebenen, die auch schon im ersten Modell angesprochen werden und vertreten sind, und konzentriert sich klar auf Persönlichkeitsmerkmale.

Galt bis vor etwa 25 Jahren die fachliche Qualifikation – das reine Können – als der entscheidende Weichensteller, ob man Karriere machte oder Führungsverantwortung übertragen bekam, gilt seit etwa 20 Jahren die sichere Erkenntnis: Es sind die **sozialen Komponenten**, die **Persönlichkeit** und **Art des Umgangs mit den Mitmenschen**, die **weichenstellend** sind. Es ist die **soziale, emotionale oder auch Erfolgsintelligenz**, die über berufliche Leistung, also Produktivität, Erfolg und Zufriedenheit (die eigene und die Ihrer Kunden / Vorgesetzten) entscheidet. Wichtigster Untersuchungsgegenstand ist deshalb Ihre persönliche Verhaltensweise speziell im Umgang mit anderen Menschen. Und deshalb beschäftigen sich viele Themen in Bewerbungs- und Auswahlsituationen, insbesondere in Vorstellungsgesprächen und Assessment-Centern genau mit diesem Komplex. Neben der zugegeben sehr einfachen KLP-Formel (Kompetenz, Leistungsmotivation und Persönlichkeit) beleuchten folgende vier Untersuchungsthemen Ihre persönliche Eignungsvoraussetzung und das notwendige Zutrau-Potenzial in beruflicher Hinsicht. Natürlich gelten nicht für alle Berufe die gleichen Voraussetzungen, aber die großen Themen sind auf alle Berufsgruppen anwendbar.

Vier große Fragethemen sollen Ihre persönliche Eignungsvoraussetzung (Stichwort Arbeitspersönlichkeit) beleuchten und beschäftigen sich mit Ihren wichtigen Persönlichkeits- und Leistungsmerkmalen. Dabei geht es um vier Themenblöcke: **Sozialverhalten, berufliche Orientierung, Arbeitsverhalten und Psyche.** Alle sind stark mit Ihrer Persönlichkeit (Wesensart) verknüpft.

1. Ihr gezeigtes Sozialverhalten (Ihre sozialen Kompetenzen, Ihr Benehmen und Ihr Umgang)

Wie gehen Sie mit anderen um? Wie kommen Sie mit anderen klar und die mit Ihnen?

Unterteilt nach und verbunden mit den Fragen: Wie steht es um ...

- Ihre Kontakt- und Kommunikationsfähigkeit,
- Ihre Verträglichkeit und Auseinandersetzungsbereitschaft,
- Ihr Einfühlungs- und Mitfühlvermögen,
- Ihre Teamorientierung und -fähigkeit?

2. Ihre zukünftige berufliche Orientierung (Ihr Macht-, Verantwortungs- und Leistungsanspruch)

Führungs- und strategische Kompetenz: Welche beruflichen Ziele haben Sie? In welcher »Liga«, auf welcher Ebene (Ross oder Reiter) wollen Sie spielen?

Unterteilt nach und verbunden mit den Fragen: Wie steht es um ...

- Ihren Anspruch und Ihre Leistungsmotivation,
- Ihre Einflussnahme und Gestaltungsmotivation,
- Ihre Willenskraft und Durchsetzungsfähigkeit,
- Ihre Anleitungs- und Führungsmotivation?

3. Ihr konkretes Arbeitsverhalten (Ihre Arbeitsweise)

Problemlösungskompetenz: Wie ist Ihr Arbeitsstil? Wie gehen Sie an Aufgaben heran?

Unterteilt nach und verbunden mit den Fragen: Wie steht es um ...

- Ihre Planungs- und Handlungsorientierung,
- Ihre Bearbeitungsgeschwindigkeit und Ihren Einfallsreichtum,
- Ihre Zuverlässigkeit, Gewissenhaftigkeit und Sorgfalt,
- Ihre Gebundenheit und Flexibilität?

4. Ihre zu beobachtende psychische Konstitution (Ihr gesamter Seelenzustand)

Persönliche Kompetenz: Wie normal, wie stabil, wie gesund sind Sie? Unterteilt nach und verbunden mit Fragen: Wie steht es um ...

- Ihr Selbstbewusstsein und Selbstvertrauen,
- Ihre emotionale Stabilität und Stressresistenz,
- Ihre Belastbarkeit und Ausdauer,
- Ihr Sympathie- und Vertrauens-Mobilisierungs-Potenzial?

Diese vier Themen lassen sich gut unter der Kurzbezeichnung SOAP einprägen. Wir wenden uns diesem interessanten Untersuchungspanorama später noch intensiver zu und stellen Ihnen die Fragen vor, die Ihnen helfen werden, Ihre Selbstpräsentation darauf abzustimmen, dass Sie die Informationen weitergeben, die anderen schnell verdeutlichen: Das ist ein Gewinner und sich mit ihm näher zu beschäftigen ist auch für mich und mein Unternehmen ein Gewinn!

Wichtig ist zunächst, dass Sie sich selbst mit diesen vier großen Themenblöcken (und den dazugehörigen Unterthemen) intensiv auseinandersetzen. Wie steht es also um Ihren persönlichen Macht- und Leistungsanspruch, wie schätzen Sie diesen ein und wie vermitteln Sie Ihre Arbeitsweise, Ihr Sozialverhalten und Ihren Seelenzustand?

Es ist gut zu wissen, worauf es bei der beruflichen Selbstdarstellung wirklich ankommt und worum es inhaltlich geht. Der folgende, klar strukturierte Leitfaden hilft Ihnen dabei, sich und Ihre Persönlichkeit optimal zu präsentieren und die »neuralgischen Punkte« (hat der Kandidat auch dieses und jenes drauf?) gezielt zu bedienen:

- Googeln Sie Ihren Namen (Beispiel: »Fabian Mustermann«, wichtig: Namen in Anführungszeichen setzen!)
- Funde erheben, analysieren, bewerten
- Gegenmaßnahmen gegen schlechte Eindrücke überlegen
- Verstärkungen für gute Eindrücke überlegen
- eigenes Profil anlegen (XING, LinkedIn, Facebook etc.)

Dieser Leitfaden hilft Ihnen, sich inhaltlich zu orientieren. Denn: Kein Imagezuwachs ohne vorherige genaue Analyse.

Vereinfacht ausgedrückt: Wen wollen Sie wodurch beeindrucken? Warum und welche Konsequenzen soll das für Sie und andere haben? Zunächst recht banal erscheinende Fragen, die aber in ihrer Beantwortung doch nicht ganz so einfach sind. Aber ohne ein Konzept, ohne fundierten Hintergrund gibt es kein klares Auftreten, keine glaubwürdigen Botschaften, die schnell und nachhaltig verstanden werden.

Fazit: Mehr Schein als Sein?! Das wird auf Dauer keinesfalls gelingen. Strohfeuer werden schnell als solche erkannt und vergehen. Für den Aufbau von Reputation ist Substanz, unabhängig vom verwendeten Kommunikationskanal, unabdingbar.

Entscheidend: unternehmerisches Fühlen, Denken und Handeln

Verdeutlichen Sie sich als Erstes: Auf dem heutigen Arbeitsmarkt sind Sie nicht mehr klassischer Arbeitnehmer, der für einen beliebigen Arbeitgeber, ein Unternehmen tätig ist, sondern Sie sind **eine Art selbstständiger Unternehmer** – ein modernes Ein-Mann-/Eine-Frau-Dienstleistungsunternehmen. Ihr berufliches Know-how, Ihre Problemlösungsfähigkeiten, ob als Elektroingenieur oder Lebensmitteltechnologe, als Sozialversicherungsbearbeiterin oder Ärztin, Ihre Fähigkeiten, Aufgaben zu lösen und bei Problemen zu helfen, sind Ihr (Verkaufs-)Angebot, Ihr Vertriebsgegenstand, Ihre Dienstleistung.

Umso wichtiger ist es für Sie, unternehmerisch zu denken und zu handeln. Im Folgenden beschreiben wir Ihnen, worauf es wirklich ankommt, wenn Sie gut an- und rüberkommen wollen bei Ihrer Kundschaft, den Auftraggebern (Sie würden sagen Arbeitgebern, dabei geben Sie ja eigentlich Ihre Arbeitskraft und Leistung).

Verdeutlichen wir uns: Mehrere berufliche Ausbildungen, klare Berufs-wechsel ebenso wie immer wieder Zeiten der Arbeits- oder Auftragslo-sigkeit sind heutzutage die Norm, die Arbeitsalltags-Realität. Und das bedeutet und erfordert – will man hier etwas Wirkungsvolles entgegen-setzen – ein neues Gefühl, ein anderes Denken und ein viel stärkeres un-ternehmerisches Handeln.

Heute ist jeder, der sich auf dem Arbeitsmarkt bewegt, Unterneh-mer und muss unternehmerisch denken und auch handeln, ob sein Produkt nun eine greifbare Ware ist oder ob es um sein Know-how, seine Erfahrung, seine Ideen geht. Es ist egal, in welchem konkreten Arbeits-verhältnis Sie stehen, Sie müssen stets darauf achten, dass Ihre Kunden (beispielsweise Ihr Vorgesetzter) zufrieden mit Ihnen und Ihren Leistun-gen sind. Den Nutzen, den Sie dabei durch Ihre Arbeit »erwirtschaften«, sollten Sie für andere klar erkennbar machen. Deshalb ist auch ein gutes Maß an **Selbstdarstellungsfähigkeit** insbesondere im Internetzeitalter ein besonders wichtiges und Weichen stellendes **Erfolgsmerkmal.**

Ausgangsbasis: das richtige Maß an Selbstbewusstsein, Selbstvertrauen, Selbstwirksamkeit

Egal ob Sie es unter Selbstbewusstsein, Selbstwertgefühl, Selbstvertrauen oder Selbstwirksamkeit verstehen und subsumieren wollen: Dies ist die entscheidende Ausgangsbasis, um erfolgreich zu sein, egal was Sie tun. Wer selbstbewusst ist, strahlt dies auch aus. Und das wiederum ist hilf-reich für die Sympathiegewinnung und überhaupt für jede Art von Kon-takt und Kommunikation, sei es face-to-face oder in der digitalen Welt.

Sechs Essentials, auf die es beim unternehmerischen Fühlen, Denken und Handeln wirklich ankommt:

- sich selbst und andere immer wieder neu motivieren können
- Sympathien gewinnen und seine Überzeugungskraft verbessern
- kundenorientiertes Fühlen, Denken und Handeln

- aktives Marketing in eigener Sache betreiben
- ziel- und erfolgsorientiert die richtigen Prioritäten setzen
- seine Problemlösungsfähigkeit ständig weiterentwickeln

ZUSAMMENGEFASST

Selbstdarstellung & Selbstinszenierung

- **Erkennen und entwickeln Sie Ihren USP (Alleinstellungsmerkmal, das Besondere an Ihrem Mitarbeitsangebot)**
Um sich in der Arbeitswelt von anderen positiv zu unterscheiden, ist es enorm wichtig zu wissen, über welche besonderen Eigenschaften und Fähigkeiten Sie verfügen. Genauso relevant ist, wie Sie Ihren USP anderen vermitteln und wie Sie diesen weiter ausbauen. Eine umfassende Potenzialanalyse kann Sie dabei unterstützen.

- **Begreifen Sie sich als Problemlöser**
Sie bekommen schneller einen Job, wenn Sie glaubhaft versprechen, bei der Lösung der anstehenden Probleme mitzuhelfen. Und auch nur aus diesem Grund sucht man ja einen neuen Mitarbeiter. Denn in der Arbeitswelt gilt es permanent neue Probleme zu bewältigen. Konzentrieren und spezialisieren Sie sich auf die Art von Problemen, die Sie am besten lösen können, und positionieren Sie sich am Arbeitsmarkt als erfolgreicher Problemlösungsexperte.

- **Verstehen Sie sich als Unternehmer**
Sie sind der Arbeitskraftanbieter, der (wahre) Arbeitgeber, Sie bieten Ihr Know-how, Ihre Problemlösungserfahrung und damit Mitarbeit an, egal ob als zukünftige(r) Ingenieurin, Jurist, Lehrerin oder Mediziner.
Auf dem Arbeitsmarkt bieten Sie Ihrem »Kunden« Ihre Dienstleistung an. Sie verkaufen Ihr Können, Ihre Erfahrung. Betreiben Sie daher wie jeder erfolgreiche Unternehmer (Image-)Werbung und Marketing (in eigener Sache). Beschäftigen Sie sich mit der Beschreibung Ihrer Arbeitspersönlichkeit (SOAP).

BESTANDSAUFNAHME & ORIENTIERUNG

Vorbereitung

Wir werden nun noch näher auf die Selbstanalyse und -reflexion eingehen. Denn: Sich zu bewerben erfordert Konzentration und (Überzeugungs-)Kraft und ist nicht eben mal so nebenher getan. Jedoch: Die Mühe lohnt sich – mit guter Vorbereitung wird Ihr gesamtes Bewerbungsvorhaben viel erfolgreicher verlaufen.

10 Denkanstöße, die Ihre Bewerbungsvorbereitungen richtig anschieben

Was kennzeichnet eine optimale Vorbereitung? Keine einfache Frage, aber genau die richtige: genügend Zeit und ein Bewusstsein für die Dinge, die jetzt wichtig sind.

1. Sich klare Ziele setzen – auch und gerade für nach dem Studium

... gibt Kraft, beflügelt Ihre Fantasie und hilft Ihnen, durchzuhalten. Berufliche Ziele beeinflussen private Ziele und umgekehrt. Daher widmen Sie dieser Frage entsprechend viel Aufmerksamkeit und Zeit. Beantworten Sie diese unterschieden nach persönlichen und beruflichen Zielen.

2. Verdeutlichen Sie sich: Sie sind Unternehmer/in

Auch als Berufseinsteiger frisch aus der Uni sind Sie kein Bittsteller! Sie bieten Ihre Arbeitskraft an und Ihre (noch etwas theoretischen) Spezialkenntnisse, die helfen, Probleme zu lösen bzw. besser in den Griff zu bekommen. Sie sind dabei ein/e Unternehmer/in, der/die für Ihr Know-how Kunden sucht (bzw. Arbeitgeber).

3. Die VGZ-Formel ist ein guter Leitfaden

... für Ihre Vorbereitung und Orientierung. Es geht um Selbstreflexion über Ihre persönliche und berufliche Entwicklung, über Fragen zu Ihrer Vergangenheit, Gegenwart und Zukunft (VGZ). Damit können Sie Ihre Möglichkeiten viel besser einschätzen und sich überzeugender bewerben.

4. Bestimmen Sie Ihren Standort selbst

Es handelt sich um eine Selbsteinschätzung der aktuellen Situation unter Bezugnahme auf Ihren Abschluss, Ihrer Karrierewünsche und die aktuelle Situation am Arbeitsmarkt. Skizzieren Sie die Lage schriftlich.

5. Das soll Ihr Bewerbungsvorhaben bewirken

Ihre Kompetenz, Leistungsmotivation und Persönlichkeit (KLP) sollen während des gesamten Bewerbungsverfahrens so prägnant dargestellt werden, dass sie beim potenziellen Auftraggeber »ankommen«. Das gilt für die Erstellung der schriftlichen Unterlagen ebenso wie für das persönliche Auftreten im Vorstellungsgespräch.

6. Positive Denkweise

Gehen Sie optimistisch an Ihre Karriereplanung heran: Warum sollte es Ihnen nicht gelingen, interessierte »Kunden« zu finden? Probleme gibt es genug. Ihr Angebot, eine spezielle Sorte von Problemen besonders gut, schnell etc. zu lösen, sollten Sie vorher gut durchdenken und verbal überzeugend vermitteln können. Dann klappt es bestimmt.

7. Erstellen Sie eine Rangfolge Ihrer Zielvorstellungen

Es ermöglicht Ihnen, Prioritäten zu erkennen und Schwerpunkte zu bilden. Diese persönliche und berufliche Situationsanalyse verschafft Ihnen Klarheit und hilft bei der Abwägung von Gründen für oder gegen einen

Arbeitsplatz bzw. eine Aufgabe. Wichtig dabei ist die neu gewonnene Ausdrucksfähigkeit bezüglich der Frage: »Was will ich, was ist wichtig für mich?«.

8. Lernen Sie, sich selbst zu motivieren

Man unterscheidet zwei Motivationen: die innere und die äußere. Zur äußeren gehören Faktoren wie Anerkennung oder materielle Anreize. Diese machen jedoch das notwendige Handeln von Umständen abhängig, auf die man keinen oder nur einen geringen Einfluss hat. Die Motivation aus sich selbst heraus (z. B. durch Spaß an der Arbeit) ist günstiger, da sie unabhängiger von externen Faktoren macht. Am erfolgreichsten sind Menschen, denen es gelingt, beide Motivationsarten miteinander zu verbinden.

9. Vorbereitungszeit kann effizient gestaltet werden

Erarbeiten Sie sich einen Zeitplan für Ihr Bewerbungsvorhaben. Erstellen Sie einen Monatsplan mit einem Hauptziel, das detaillierter in Wochen- und Tagespläne aufgegliedert wird. Vergessen Sie dabei nicht, Entspannungszeiten für sich einzuplanen!

10. Verschaffen Sie sich einen Überblick über die relevanten Bewerbungsphasen

Wie weit sind Sie in Ihrer mentalen Vorbereitung, wie präzise können Sie Ihre angestrebten Arbeitsaufgaben und Ihren Arbeitsplatz beschreiben? Auf welche Weise möchten Sie sich bewerben? Auf Stellenanzeigen, initiativ, per Stellengesuch und/oder durch Networking?

> Überlegen Sie sich genau, **was Sie anzubieten haben und wo Sie zukünftige »Abnehmer« Ihrer Dienstleistung sehen.** Je besser Sie sich **vorbereiten, desto größer Ihre Chancen, den Bewerbungs- marathon in möglichst kurzer Zeit erfolgreich zu (durch-)laufen.**

Vielen Berufsanfängern ist nicht wirklich bewusst, was in ihnen steckt und wie sie ihren Talenten, aber auch Wünschen auf die Spur kommen. Doch selbst gestandene Berufsvertreter stehen oft ratlos da, wenn die berufliche Situation eine Neuorientierung erfordert. Sie möchten ihre wahre Berufung finden an einem Arbeitsplatz, der sie wirklich ausfüllt. Mit einem klaren Ziel vor Augen wird die Suche nach dem Job, der wirklich zu Ihnen passt, nicht nur leichter, sondern auch deutlich erfolgreicher.

 **Unterschätzen Sie nicht die Zeit, die für eine gute Vorbereitung Ihres Bewerbungsvorhabens notwendig ist: Planen Sie 50 bis 100 Stunden ein.** Ob Sie das in einer Woche oder in vier durchziehen, hängt sicherlich nicht nur von Ihrer Kondition, sondern auch von dem Zeitbudget ab, das Ihnen aktuell zur Verfügung steht. Fangen Sie jetzt mit einer intensiven Vorbereitung an. Und das bedingt immer die Auseinandersetzung mit der eigenen Person und Ihren Fähigkeiten. Es geht um eine Bestandsaufnahme, die Beantwortung der Fragen: »Was für ein Mensch bin ich?«, »Was kann ich?«, »Was will ich?« und »Was ist möglich?«. Das wird Sie in eine gute Ausgangsposition bringen.

Die Kunst der Entscheidungsfindung kann man planvoll angehen und vor allem üben. Das ist ungemein hilfreich, sowohl bei wichtigen Weichenstellungen wie auch Umbrüchen im Berufsleben. Und von denen gibt es reichlich. **Eine gute Organisation und eine effektive Strategie bringen Sie besser ans Ziel.** Dabei helfen die folgenden **vier Essentials** weiter:

- Begabungen, Fähigkeiten und Neigungen erkennen und klassifizieren
- Selbstbewusstsein, Selbstvertrauen und Selbstwirksamkeit stärken (Glaube an die eigene Einflussnahme)
- die Spielregeln des Arbeitsmarktes verstehen
- Unterstützung und Informanten mobilisieren

Die zentralen Fragen:

- Was für ein Mensch bin ich?
- Was kann ich? Was will ich?
- Welche Möglichkeiten habe ich?

Die Antworten darauf lassen sich nicht immer ganz schnell finden. Sie brauchen etwas Zeit, Geduld und Vorbereitung. Sich nur eine Stunde Zeit für eine neue berufliche Orientierung zu nehmen wird nicht ausreichen. Auch ein Tag wäre schon sehr, sehr schnell, eine Woche ebenfalls. Wir haben die Erfahrung gemacht, dass Sie Ihr **Tempo am besten selbst bestimmen.** Mit diesen von uns vorbereiteten Überlegungen und Übungen können Sie es aber innerhalb weniger Tage bis in ein oder zwei Wochen gut schaffen. Starten Sie jetzt!

Sehr vereinfacht könnte man sagen, dass es eine Art Dreiereinteilung verschiedener Typen in der »Berufswelt« gibt:

Macher (Handwerker) bis hin zu Anführer (Chef, Vorstand) – er/sie will vor allem ...

- etwas bewirken, mit den Händen oder mit dem Kopf
- maximalen Einfluss nehmen, etwas voranbringen
- erreichen, gestalten, verantworten
- bestimmen, entscheiden
- organisieren, managen
- initiieren, etwas durchsetzen

Helfer bis hin zu Lehrer – er/sie will vor allem ...

- behilflich sein, mithelfen
- andere unterstützen
- erziehen, andere ermutigen
- aufbauen, anderen etwas beibringen
- zeigen, erklären, vermitteln, beraten
- andere interessieren, aufmerksam machen
- unterrichten, begeistern, überzeugen

Forscher bis hin zu Künstler – er/sie will vor allem …

- etwas herausfinden, weiterentwickeln
- analysieren, entdecken, erforschen
- ausprobieren, testen, verbessern
- hervorbringen, sichtbar werden lassen
- provozieren, erfinden, beweisen

Zu welcher dieser drei Großgruppen fühlen Sie sich zugehörig und auf welcher Ebene sehen Sie sich und Ihr Wirken dabei?

Machen wir gleich weiter mit vier kleinen Berufsorientierungs-Testfragen: In welcher Reihenfolge, nach dem Grad Ihrer Interessen und Neigungen, würden Sie Ihre zukünftige berufliche Tätigkeit eher vermuten?

- im Bereich Arbeit mit Händen, Werkzeugen, Maschinen
- im Bereich Arbeit mit Zahlen, Ordnungssystemen, Computern
- im Bereich Arbeit mit und an Menschen
- im Bereich Arbeit mit Ideen, Abstraktem, Künstlerischem

Entdecken: Potenziale, Begabungen, Fähigkeiten

Sie verfügen über eine Vielzahl angeborener und erworbener Fähigkeiten, um den Alltag zu meistern. Sie haben Tausende von Fertigkeiten entwickelt, die Ihnen in den unterschiedlichsten Lebenssituationen weiterhelfen. Darüber hinaus gibt es Aufgaben, die Sie gerne erledigen, Umgebungen, in denen Sie sich zu Hause fühlen, und Aktivitäten, die Ihr Wohlbefinden steigern. Persönliche Qualitäten – gleichgültig ob es sich um Fähigkeiten oder Interessen handelt – sind Bausteine für Ihr Berufsziel. Nehmen Sie die Herausforderung an, Ihre verborgenen Fähigkeiten ans Tageslicht zu befördern.

Jetzt geht es um Ihre Fähigkeiten. Schaffen Sie sich eine weitere Grundlage für Ihre Jobsuche, indem Sie Ihre funktionalen, auf verschiedene Gebiete übertragbaren Fähigkeiten ermitteln.

Nach Einschätzung des Berufsberaters R. N. Bolles lassen sich Fertigkeiten in drei Gruppen aufgliedern: Umgang mit Daten, Menschen und Werkzeugen.

Im Laufe der Jahre ist von Bolles noch eine vierte Berufskategorie hinzugefügt worden: das Künstlerisch-Kreative, das Abstrakte. Hierzu zählen Berufe wie Musiker, Dirigent, Kulturschaffender, Geisteswissenschaftler, aber auch Grafiker, Texter etc. Diese Erweiterung ist sinnvoll, aber auch in der Kombination von Daten und Menschen (Dirigent) zu finden.

Hier ein Überblick:

- **Werkzeuge/Maschinen:** handhaben – entwickeln – reparieren – warten – bedienen – konstruieren – in Betrieb setzen – Feineinstellungen vornehmen
- **Zahlen/Daten:** interpretieren – errechnen – zusammenstellen – analysieren – koordinieren – Neuerungen einführen – Verbindungen herstellen
- **Menschen:** helfen – überzeugen – Anweisungen erteilen – beaufsichtigen – unterrichten – verhandeln – trainieren
- **Künstlerisch-kreativ/abstrakt:** gestalten – erfinden – entwickeln – kreieren – schöpfen

Welche Probleme, die in Unternehmen auftreten, könnten Sie mit Ihren Kenntnissen und Fähigkeiten lösen? Wären Sie in der Lage, Kunden an das Unternehmen zu binden, die Qualität von Dienstleistungen oder Waren zu verbessern, dafür zu sorgen, dass Liefertermine eingehalten werden, Kosten zu senken oder neue Produkte zu erfinden? Was haben Sie darüber hinaus noch anzubieten? Wie gehen Sie generell mit Problemen um? Warten Sie darauf, dass sich alles irgendwie ergibt, oder arbeiten Sie lieber systematisch an einer Lösung?

Überlegen Sie in aller Ruhe, was Sie anderen – ebenfalls qualifizierten – Mitbewerbern auf dem Arbeitsmarkt voraushaben, was Sie positiv unterscheidet. In der Regel wird es eine Frage des Stils sein. Erledigen Sie die Ihnen übertragenen Aufgaben gründlicher, schneller – oder was ist es sonst? Je besser Sie diese Fragen in einem Vorstellungsgespräch beantworten können, desto eher werden Sie eingestellt. Erwarten Sie nicht, dass der Arbeitgeber Ihre Fähigkeiten errät. Seien Sie darauf vorbereitet zu sagen: »Dies ist es, was mich auszeichnet.«

Sie sollten sich also unbedingt gründlich über die Unternehmen informieren, bei denen Sie sich bewerben wollen. Finden Sie heraus, welche Aufgaben und Projekte im Mittelpunkt stehen, welche Bedürfnisse, Probleme und Herausforderungen damit verbunden sind. Welche Ziele werden verfolgt? Welche Hindernisse sind zu überwinden?

Überlegen Sie sich dann, wie Sie bei der Verwirklichung der Unternehmensziele mithelfen können. Schließlich wollen Sie im Vorstellungsgespräch vor allem zeigen, dass **Sie etwas anzubieten haben, was gebraucht wird.**

Weil gute Mitarbeiter ebenso schwer zu finden sind wie gute Arbeitgeber, ist jeder Personalchef bestrebt, herausragende Bewerber an sein Unternehmen zu binden. Wichtig für Ihr (Selbst-)Bewusstsein: Mit Ihrer Initiative helfen Sie letztlich nicht nur sich selbst, sondern auch dem Unternehmen.

Auch wenn es paradox klingt: Je weniger Sie versuchen, für alles offen zu sein, je präziser Sie Ihre Geschicklichkeit im Umgang mit Daten, Menschen und / oder Werkzeugen beschreiben können, desto eher finden Sie einen Arbeitsplatz. Das ist genau das Gegenteil von dem, was die meisten Bewerber am Anfang ihrer Suche glauben.

Theoretisch ist Ihnen klar, was Fähigkeiten sind. Jetzt kommt es darauf an, Ihre **eigenen Stärken zu entdecken**. Gehören Sie zu den wenigen glücklichen Bewerbern, die ihre Fähigkeiten in Worte fassen können, dann schreiben Sie sie jetzt einfach auf und setzen Ihre Lieblingsbeschäftigung ganz oben auf die Liste. Wenn Sie aber Ihre Begabungen noch nicht kennen, dann werden Ihnen die folgenden Übungen weiterhelfen. Hier geht es darum, **berufliche oder private Erfolge zu benennen** und zu schildern, wie sie erreicht wurden. Man kann zunächst einmal zwischen Grundfähigkeiten und besonderen Fähigkeiten unterscheiden. Grundfähigkeiten (Lesen, Schreiben, Rechnen usw.) sind die Basis unseres täglichen Lebens und werden im Wesentlichen in der Schule erlernt. Wir betrachten diese Fähigkeiten häufig als Selbstverständlichkeit.

Durch **besondere Fähigkeiten** (Techniken) unterscheiden wir uns von unseren Mitmenschen. Besondere Fähigkeiten sind zunächst einmal nichts anderes als spezielle Anwendungen unserer Grundfähigkeiten, um damit ganz bestimmte Ergebnisse zu erzielen. Diese Techniken müssen nicht einmal sonderlich komplex sein, sie sind sogar meist einfach zu beschreiben. Es wird Sie überraschen, wie viele besondere Fähigkeiten Sie haben. Aus besonderen Fähigkeiten ergeben sich Vorgänge, an die Sie sich voller Stolz erinnern, weil sie Ihnen Freude bereiteten. Hierbei spielt es keine Rolle, ob das Ergebnis auch andere überzeugen konnte. Normalerweise ergibt sich das eine aus dem anderen: Wenn Sie etwas gut können, wird es Ihnen auch Spaß machen. Spaß haben Sie an einer Sache, weil sie Ihnen leichtfällt. Fragen Sie sich daher zunächst einmal bei einer Sache oder Tätigkeit: »Macht mir das Spaß?« – und nicht: »Mache ich das gut?«

Hören Sie auf, ein schlechtes Gewissen zu haben, wenn Sie etwas gut können. Haben Sie keine Angst, Ihre Erfolgsgeschichten könnten als Prahlerei angesehen werden. Arbeitgeber wissen sehr wohl, dass Ihr **Leistungspotenzial ohne Enthusiasmus niemals voll ausgeschöpft** wird.

Was sind Ihre besten (und liebsten) Fähigkeiten? Wenn Sie diese Frage nicht beantworten können, hilft Ihnen vielleicht die folgende Liste von

Verben, Ihre Begabungen zu beschreiben. Unterstreichen Sie zunächst die Wörter, die Ihre Stärken bezeichnen. Fügen Sie weitere Fähigkeiten hinzu, die Ihrer Meinung nach in der Liste fehlen. Überlegen Sie dann, in welchen Berufen diese Fähigkeiten gebraucht werden. Hüten Sie sich davor, aus Ihren Talenten gleich auf eine bestimmte Berufsrichtung zu schließen, denn diese können in vielen **verschiedenen Berufen einge-setzt** werden. Halten Sie sich zunächst noch alle Türen offen.

analysieren	bauen	darstellen	erklären
anbieten	beantworten	definieren	erstellen
anbringen	bedienen	dekorieren	erneuern
anleiten	beeinflussen	diagnostizieren	erreichen
annähern	befragen	dienen	erschaffen
anpassen	begreifen	drucken	erwerben
anpreisen	behandeln	einführen	erzählen
anregen	bekommen	einordnen	fahren
anwerben	beliefern	einschätzen	festigen
arrangieren	benutzen	einsetzen	feststellen
auflösen	beobachten	empfangen	finanzieren
aufnehmen	beraten	empfehlen	folgen
aufstellen	berichten	entdecken	formen
aufwerten	beschützen	entscheiden	formulieren
ausdehnen	bestellen	entwickeln	fotografieren
ausdrücken	bestimmen	erfinden	fühlen
ausgraben	betreuen	erforschen	führen
ausstellen	bewerten	erhalten	geben
auswählen	beziehen	erinnern	gebrauchen

gestalten	lesen	sprechen	verkaufen
gewinnen	liefern	steuern	verkleinern
großziehen	lösen	systematisieren	versammeln
gründen	malen	tanzen	verschreiben
halten	manipulieren	teilen	versöhnen
heben	meistern	testen	versorgen
helfen	moderieren	trainieren	verstärken
herausgeben	motivieren	treffen	verstehen
herausfinden	nachforschen	trennen	vertreiben
herausziehen	nähen	überblicken	vertreten
herstellen	nehmen	übergeben	vervollständigen
hervorheben	organisieren	überprüfen	verweisen
identifizieren	planen	übersetzen	visualisieren
illustrieren	programmieren	überwachen	voranbringen
improvisieren	publizieren	überzeugen	voraussagen
informieren	rechnen	umschreiben	vorbereiten
inspizieren	reden	unterhalten	vorführen
integrieren	rehabilitieren	unternehmen	vorstellen
interviewen	reisen	unterrichten	vorwegnehmen
kochen	reparieren	unterstützen	wiederfinden
komponieren	restaurieren	verantworten	wiegen
kommunizieren	richten	verarbeiten	zeichnen
kontrollieren	riskieren	verbalisieren	zeigen
koordinieren	sammeln	verbessern	züchten
kritisieren	schreiben	verbinden	zuhören
lehren	singen	vereinen	zusammenbauen
leiten	sortieren	vergrößern	zusammenfassen
lernen	spielen	verhandeln	

Von ganz entscheidender Bedeutung: Ihre Persönlichkeit

»Jedes Problem in einem Unternehmen ist letztlich ein Personalproblem«, lässt uns Alfred Herrhausen, langjähriger Vorstandssprecher der Deutschen Bank, wissen und hat mit dieser Quintessenz absolut recht! Folglich ist es die Persönlichkeit, die Wesensart, die ganz entscheidend ist, wie erfolgreich jemand in seinem Job ist, wie sie/er an Aufgaben herangeht und diese gemeinsam mit anderen im und für das Unternehmen löst, wenn zunächst einmal die Ausgangsbasis, die Grundkompetenz stimmt. Von Ihren **Charaktereigenschaften** hängt es vor allem ab, wie **engagiert** Sie Aufgaben angehen. Sie müssen deshalb Ihre persönlichen Qualitäten, die für potenzielle Arbeitgeber interessant sind, zunächst für sich herausfinden, um sie dann im Bewerbungsverfahren besonders herausstellen zu können.

Persönliche Stärken sind – im Gegensatz zu Fähigkeiten – Auslegungssache. Da es schwierig ist, sie in Worte zu fassen, sollten Sie genau überlegen, bevor Sie in Ihrem Lebenslauf oder im Vorstellungsgespräch auf persönliche Eigenschaften eingehen. Sprechen Sie aber unbedingt von Ihren **Stärken** – allerdings niemals in Form einer Liste wie »Ich betrachte mich als leistungsfähig, innovativ, engagiert, mobil . . .«, sondern immer nur in Verbindung mit konkreten Leistungen und Geschichten, beispielsweise: »In der Uni, in meinem Kurs habe ich . . .«.

Positive Eigenschaften allein machen Sie nicht gleich zur Führungskraft. Dennoch sind es meist diejenigen, die bereit sind, über sich und ihre Stärken zu sprechen, die uns und andere inspirieren. **Eigenschaften übrigens, auf die es sich immer hinzuweisen lohnt, sind Mut, Kreativität, Ausdauer, Anpassungsfähigkeit, Motivationskraft und Durchsetzungsvermögen.**

Die Art und Weise, wie Sie an Aufgaben herangehen, ist für Arbeitsplatzanbieter ebenfalls stets interessant. Man kann in diesem Zusammenhang auch von Temperament oder Charakterzügen sprechen.

> Arbeitgeber suchen Bewerber, die voller **Energie** sind, auf **Details** achten, sich gut mit **Kollegen** verstehen, **Entschlossenheit** zeigen, gut **unter Druck** arbeiten können, **sympathisch, intuitiv, beharrlich, dynamisch und verlässlich** sind.

Entdecken Sie Ihre Einzigartigkeit

Es ist enorm wichtig zu überlegen, was man richtig gut kann, welche Interessen und Bedürfnisse der Arbeitgeber hat und wie beides zueinanderpasst. Denn daran scheitert es leider oft bei Bewerbungen. Das Problem ist nicht die Form – obwohl die häufig verbesserungswürdig ist –, sondern der Inhalt. Wer sich bewirbt, kennt sich häufig selbst nicht gut genug und weiß nicht oder viel zu wenig, was er anzubieten hat.

In Ihrer besonderen Mischung aus Fähigkeiten, Anlagen, Interessen, Neigungen, Energie, Hingabe, Inspiration, Bereitschaft und Zielstrebigkeit sind Sie **einzigartig**. Vielleicht wissen Sie das bloß noch nicht. Leider sind sich die wenigsten Menschen darüber im Klaren. Eher herrscht doch bei den meisten das Gefühl vor: »Das kann ich nicht. Andere sind besser als ich.« Viel zu viele werden von ihren Schwächen kontrolliert, statt stolz auf sich und ihre Fähigkeiten zu sein.

Einzigartigkeit hat viele Formen und braucht keine Bestätigung von außen. Sie müssen nur bereit sein, sich selbst intensiv zu erforschen und das Ergebnis halbwegs (besser: angemessen) selbstsicher und stolz zu präsentieren. Schämen Sie sich nicht dafür, dass Sie etwas können. Weg mit falscher, anerzogener Bescheidenheit und einer Sie furchtbar behindernden Schüchternheit.

Auch wenn Sie sich überhaupt nicht so fühlen: Tun Sie so, als ob Sie aus einer Position der Stärke heraus auftreten. Sie werden für viel stärker und fähiger gehalten, als Sie es sich je erträumt haben. Lernen Sie so, **über das Bild hinauszuwachsen, das Sie von sich selbst haben**, und nähern Sie sich den Eigenschaften, die Sie für andere wichtig, ja sogar wertvoll machen. Diese Selbstanalyse ist zwar ein schwieriger Teil Ihrer Arbeitssuche, aber durchaus zu bewältigen, und bringt Sie wirklich voran!

1. Was für ein Mensch bin ich?

Nennen Sie zum Einstieg in diesen Fragenkomplex jetzt innerhalb einer Minute ganz spontan drei Adjektive, die wichtige Merkmale Ihrer Persönlichkeit charakterisieren. Ich bin:

1. _____

2. _____

3. _____

Sind Sie mit Ihrer Wahl zufrieden? Beschreiben diese Adjektive wirklich zentrale Eigenschaften Ihrer Persönlichkeit? Können Sie diese spontane Auswahl einer anderen Person überzeugend vermitteln?

Um Ihnen den Einstieg in diese Thematik zu erleichtern, haben wir eine umfangreiche **Liste von Persönlichkeitsmerkmalen** zur Selbsteinschätzung zusammengestellt. Wenn Sie über die Frage: »Was für ein Mensch bin ich?« früh genug nachdenken, festigen Sie Ihre psychische Ausgangsposition und damit Ihr Selbstbewusstsein in der konkreten Bewerbungssituation.

Denken Sie daran: Sie müssen bei dieser Selbstbeurteilungsliste nicht um jeden Preis »gut abschneiden« wollen, sich niemandem gegenüber rechtfertigen. Es geht allein um Ihre **persönliche Einschätzung**.

In einem zweiten Schritt können Sie später eine (oder besser mehrere) Person(en) Ihres Vertrauens bitten, die Adjektivliste ebenfalls auszufüllen. Zur erneuten Verwendung finden Sie die Liste auch unter www.berufundkarriere.de/onlinecontent. Auf diese Weise erhalten Sie wertvolle Hinweise darauf, wie andere Sie einschätzen. Der Vergleich beider Ergebnisse **(Selbst- und Fremdbild)** sollte Sie zum Nachdenken und Diskutieren anregen.

Vielleicht wirken Sie viel furchtloser, als Sie sich selbst wahrnehmen. Oder Sie halten sich nicht für besonders ordentlich, werden aber durchaus als gut organisiert erlebt. Wenn Ihnen das übertrieben erscheint, warten Sie ab: Sie werden bestimmt ein paar kleine Überraschungen erleben. Für eine realistische Einschätzung bilden Sie hinterher einen Mittelwert. Nun aber erst einmal zu Ihrer Selbstbeurteilung.

Um die Ausprägung einzelner Persönlichkeitseigenschaften besser einschätzen zu können, gibt es für jedes Adjektiv eine Skala von 1 bis 7. Falls Sie bei einzelnen Eigenschaften nicht sicher sind, wie ein Begriff gemeint ist, entscheiden Sie bitte nach Ihrem persönlichen Verständnis.

Wie schätzen Sie sich ein? Kreuzen Sie bei jeder der folgenden Eigenschaften an, wie ausgeprägt diese Ihrer Meinung nach auf einer Skala von 1 bis 7 bei Ihnen ist:

7 = sehr stark ausgeprägt

6 = deutlich ausgeprägt

5 = ausgeprägt/vorhanden

4 = teils, teils

3 = weniger ausgeprägt/vorhanden

2 = kaum noch vorhanden

1 = nicht oder nur ganz schwach vorhanden

sympathisch	1	2	3	4	5	6	7	zuverlässig	1	2	3	4	5	6	7
vertrauenswürdig	1	2	3	4	5	6	7	freundlich	1	2	3	4	5	6	7
vorsichtig	1	2	3	4	5	6	7	glücklich	1	2	3	4	5	6	7
lernbereit	1	2	3	4	5	6	7	nervös	1	2	3	4	5	6	7
lernfähig	1	2	3	4	5	6	7	rechthaberisch	1	2	3	4	5	6	7
vertrauensvoll	1	2	3	4	5	6	7	ordnungsliebend	1	2	3	4	5	6	7
leistungsorientiert	1	2	3	4	5	6	7	ehrlich	1	2	3	4	5	6	7
sorgfältig	1	2	3	4	5	6	7	loyal	1	2	3	4	5	6	7
aufgeschlossen	1	2	3	4	5	6	7	schwermütig	1	2	3	4	5	6	7
belastbar	1	2	3	4	5	6	7	begeisterungsfähig	1	2	3	4	5	6	7
ausdauernd	1	2	3	4	5	6	7	intrigant	1	2	3	4	5	6	7
zufrieden	1	2	3	4	5	6	7	ordentlich	1	2	3	4	5	6	7
aggressiv	1	2	3	4	5	6	7	wählerisch	1	2	3	4	5	6	7
konformistisch	1	2	3	4	5	6	7	hartnäckig	1	2	3	4	5	6	7
dominant	1	2	3	4	5	6	7	entscheidungsfreudig	1	2	3	4	5	6	7
gerecht	1	2	3	4	5	6	7	spontan	1	2	3	4	5	6	7
verlässlich	1	2	3	4	5	6	7	praktisch	1	2	3	4	5	6	7
wankelmütig	1	2	3	4	5	6	7	beherrscht	1	2	3	4	5	6	7
zielstrebig	1	2	3	4	5	6	7	risikobereit	1	2	3	4	5	6	7
geduldig	1	2	3	4	5	6	7	selbstsicher	1	2	3	4	5	6	7
gehemmt	1	2	3	4	5	6	7	sensibel	1	2	3	4	5	6	7
vital	1	2	3	4	5	6	7	selbstständig	1	2	3	4	5	6	7
zweifelnd	1	2	3	4	5	6	7	offen	1	2	3	4	5	6	7
kompetent	1	2	3	4	5	6	7	willensstark	1	2	3	4	5	6	7
flexibel	1	2	3	4	5	6	7	zurückgezogen	1	2	3	4	5	6	7
aktiv	1	2	3	4	5	6	7	misstrauisch	1	2	3	4	5	6	7
wagemutig	1	2	3	4	5	6	7	leidenschaftlich	1	2	3	4	5	6	7
gefühlsbetont	1	2	3	4	5	6	7	unkompliziert	1	2	3	4	5	6	7
anspruchsvoll	1	2	3	4	5	6	7	fortschrittlich	1	2	3	4	5	6	7
passiv	1	2	3	4	5	6	7	überzeugungsstark	1	2	3	4	5	6	7
liebenswert	1	2	3	4	5	6	7	zwanghaft	1	2	3	4	5	6	7
gefühlsorientiert	1	2	3	4	5	6	7	verständnisvoll	1	2	3	4	5	6	7
impulsiv	1	2	3	4	5	6	7	kontaktfähig	1	2	3	4	5	6	7
durchsetzungsfähig	1	2	3	4	5	6	7	vorlaut	1	2	3	4	5	6	7

furchtsam	1	2	3	4	5	6	7	schlagfertig	1	2	3	4	5	6	7
sachorientiert	1	2	3	4	5	6	7	gründlich	1	2	3	4	5	6	7
fordernd	1	2	3	4	5	6	7	schüchtern	1	2	3	4	5	6	7
höflich	1	2	3	4	5	6	7	kreativ	1	2	3	4	5	6	7
autoritär	1	2	3	4	5	6	7	erfinderisch	1	2	3	4	5	6	7
pflichtbewusst	1	2	3	4	5	6	7	selbstbewusst	1	2	3	4	5	6	7
integrationsfähig	1	2	3	4	5	6	7	introvertiert	1	2	3	4	5	6	7
extravertiert	1	2	3	4	5	6	7	herzlich	1	2	3	4	5	6	7
anpassungsfähig	1	2	3	4	5	6	7	ruhig	1	2	3	4	5	6	7
humorvoll	1	2	3	4	5	6	7	kompromissbereit	1	2	3	4	5	6	7
konservativ	1	2	3	4	5	6	7	tolerant	1	2	3	4	5	6	7
präzise	1	2	3	4	5	6	7	zuhörbereit	1	2	3	4	5	6	7
besorgt	1	2	3	4	5	6	7	selbstkritisch	1	2	3	4	5	6	7
nachdenklich	1	2	3	4	5	6	7	kränkbar	1	2	3	4	5	6	7
kooperativ	1	2	3	4	5	6	7	hilfsbereit	1	2	3	4	5	6	7
unerschütterlich	1	2	3	4	5	6	7	einfühlsam	1	2	3	4	5	6	7
problembewusst	1	2	3	4	5	6	7	gelassen	1	2	3	4	5	6	7
beliebt	1	2	3	4	5	6	7	unparteiisch	1	2	3	4	5	6	7
vernünftig	1	2	3	4	5	6	7	gütig	1	2	3	4	5	6	7
teamfähig	1	2	3	4	5	6	7	selbstironisch	1	2	3	4	5	6	7
ausgeglichen	1	2	3	4	5	6	7	unberechenbar	1	2	3	4	5	6	7
diplomatisch	1	2	3	4	5	6	7	pessimistisch	1	2	3	4	5	6	7
beharrlich	1	2	3	4	5	6	7	überangepasst	1	2	3	4	5	6	7
laut	1	2	3	4	5	6	7	leise	1	2	3	4	5	6	7
genügsam	1	2	3	4	5	6	7	sarkastisch	1	2	3	4	5	6	7
verantwortungs-bewusst	1	2	3	4	5	6	7	kommunikationsfähig	1	2	3	4	5	6	7

Ihnen ist sicherlich aufgefallen, dass **positive und negative Eigenschaften aufgeführt** sind. Sympathisch und aktiv möchte jeder sein, rechthaberisch und aggressiv sicherlich niemand. Bei anderen Adjektiven ist die Beurteilung schwieriger. Für einen Leuchtturmwärter ist »sehr stark zurückgezogen« sicherlich kein Berufshindernis, ein Reporter dagegen läge mit der gleichen Eigenschaft bei seiner Bewerbung ziemlich daneben.

Falls Sie in der Liste bestimmte Adjektive vermisst haben, schreiben Sie diese einfach darunter. Schauen Sie sich alle Adjektive an, die eine deutlich herausgehobene Bewertung bekommen haben (bei dem einen ist es 1 bzw. 7, andere neigen dazu, die Ränder zu meiden und selten mehr als 2 bzw. 6 anzukreuzen). Auf wie viele Adjektive trifft eine deutlich herausgehobene Bewertung zu? Sind es 5 oder 15 oder vielleicht sogar 25? Sehr wahrscheinlich ist, dass Sie sowohl im hohen als auch im niedrigen Zahlenbereich einige Adjektive angekreuzt haben.

Am besten bilden Sie **Gruppen von Eigenschaften** (Adjektiven), indem Sie für jedes Adjektiv eine einzelne Karteikarte anlegen, beispielsweise für fünf Adjektive mit 1-Markierung, für drei mit 7. Anschließend versuchen Sie, inhaltliche Zusammenhänge zwischen den einzelnen Adjektiven herzustellen. Finden Sie **Überschriften**, denen Sie dann die Karteikarten entsprechend zuordnen.

Angenommen, Sie haben sich für die folgenden »7-Ankreuzungen« entschieden: sorgfältig, verlässlich, pflichtbewusst, verantwortungsbewusst, ordentlich, dann passen diese fünf Adjektive gut unter die Rubrik »preußische Tugenden«. Lauten Ihre »1-Ankreuzungen« unordentlich, spontan, fortschrittlich, werden hiermit Ihre sogenannten preußischen Tugenden eher ergänzt und bestätigt. Auch wenn diese Tugenden auf Arbeitgeberseite weiterhin gern gesehen sind, gibt es für Sie sicherlich noch andere herausragende Beschreibungsmerkmale.

Ziel dieser Übung ist es vor allem, ein besseres (weil präziseres) Selbstbild in der Vorbereitung auf Ihre Bewerbung zu entwickeln. Wer die Ergebnisse anschließend mit dem Partner, mit Freunden oder Bekannten durchspricht, entwickelt eine neue verbale Kompetenz und (im doppelten Sinn) neues Selbstbewusstsein, wenn es darum geht, sich in der Bewerbungssituation erfolgreich zu präsentieren.

In einem weiteren Schritt sollten Sie sich nun mit folgenden Fragen auseinandersetzen:

- Welche Eigenschaften sind wichtig für den Arbeitsplatz, um den ich mich bewerbe?
- Wonach werden mich Firmenchefs fragen und wie stellen diese sich den idealen Stelleninhaber vor?

Gehen Sie die Liste jetzt nur unter diesem Aspekt ein zweites Mal durch und kreuzen Sie (mit einem farbigen Stift) die Eigenschaften an, die für den von Ihnen angestrebten Arbeitsplatz etwa aus Arbeitgebersicht besonders wichtig sind.

Ein Vergleich von **Selbstbild, Fremdbeurteilung und Anforderungsprofil** gibt weitere Aufschlüsse und Hinweise, auch im Hinblick auf die nötige **Anpassungsleistung**, die in jeder Bewerbungssituation erbracht werden muss.

2. Was kann ich?

Die folgende **Selbstbeurteilungsskala** wird Ihnen dabei helfen, Ihren persönlichen Standort detailliert zu bestimmen. Auf den nächsten Seiten finden Sie eine umfangreiche Liste von **Kompetenzmerkmalen**. Wie schätzen Sie sich selbst bezüglich der aufgeführten Fähigkeiten ein? Wie ist es etwa um Ihre Leistungsbereitschaft bestellt? Sie haben sicherlich eine Vorstellung davon, was allgemein unter diesem Begriff verstanden wird.

Und wieder: Wie stark, glauben Sie, ist Leistungsbereitschaft bei Ihnen ausgeprägt? Es geht allein um Ihre persönliche Einschätzung. Die brauchen Sie mit niemandem zu diskutieren. Sie müssen sich also für Ihre Einschätzung nicht rechtfertigen.

Um die einzelnen Merkmale einschätzen zu können, gibt es wieder eine Skala von 1 bis 7. Die Extrempole sind 7 (= sehr stark ausgeprägt bzw. vorhanden) und 1 (sehr schwach ausgeprägt, kaum oder gar nicht vorhanden).

Merkmalgruppe 1

		Überzeugungspotenzial	1 2 3 4 5 6 7
Sensibilität	1 2 3 4 5 6 7	Überzeugungspotenzial	1 2 3 4 5 6 7
Fähigkeit, zuzuhören	1 2 3 4 5 6 7	Begeisterungsfähigkeit	1 2 3 4 5 6 7
Kontaktfähigkeit	1 2 3 4 5 6 7	Durchsetzungsfähigkeit	1 2 3 4 5 6 7
Aufgeschlossenheit	1 2 3 4 5 6 7	Motivationsfähigkeit	1 2 3 4 5 6 7
Teamorientierung	1 2 3 4 5 6 7	sprachliches Ausdrucksvermögen	1 2 3 4 5 6 7
Kooperationsfähigkeit	1 2 3 4 5 6 7	schriftliches Ausdrucksvermögen	1 2 3 4 5 6 7
Anpassungsfähigkeit	1 2 3 4 5 6 7	rhetorische Fähigkeiten	1 2 3 4 5 6 7
Kompromissbereit-schaft	1 2 3 4 5 6 7	Teamfähigkeit	1 2 3 4 5 6 7
Diplomatie	1 2 3 4 5 6 7	Anpassungsbereitschaft	1 2 3 4 5 6 7
Verhandlungsgeschick	1 2 3 4 5 6 7	soziale Kompetenz	1 2 3 4 5 6 7
Integrationsvermögen	1 2 3 4 5 6 7	Kommunikations-fähigkeit	1 2 3 4 5 6 7

Merkmalgruppe 2

		Zuverlässigkeit	1 2 3 4 5 6 7
Zielstrebigkeit	1 2 3 4 5 6 7	Zuverlässigkeit	1 2 3 4 5 6 7
Selbstbewusstsein	1 2 3 4 5 6 7	Toleranz	1 2 3 4 5 6 7
Verantwortungs-bewusstsein	1 2 3 4 5 6 7	Unerschrockenheit	1 2 3 4 5 6 7
Kritikfähigkeit	1 2 3 4 5 6 7	Bereitschaft zur Übernahme von Verantwortung	1 2 3 4 5 6 7
Selbstbeherrschung	1 2 3 4 5 6 7		

Merkmalgruppe 3

		Belastbarkeit	1 2 3 4 5 6 7
Risikobereitschaft	1 2 3 4 5 6 7	Belastbarkeit	1 2 3 4 5 6 7
Entscheidungsfähigkeit	1 2 3 4 5 6 7	Stresstoleranz	1 2 3 4 5 6 7
Sicherheitsdenken	1 2 3 4 5 6 7	Lebensfreude	1 2 3 4 5 6 7
Delegationsbereit-schaft	1 2 3 4 5 6 7	Flexibilität	1 2 3 4 5 6 7
Delegationsfähigkeit	1 2 3 4 5 6 7	Repräsentations-vermögen	1 2 3 4 5 6 7

Merkmalgruppe 4

Arbeitsmotivation/-wille	1	2	3	4	5	6	7	Durchhaltevermögen	1	2	3	4	5	6	7
Tatkraft	1	2	3	4	5	6	7	Durchsetzungsvermögen	1	2	3	4	5	6	7
Führungsmotivation/-wille/-fähigkeit	1	2	3	4	5	6	7	Frustrationstoleranz	1	2	3	4	5	6	7
Eigeninitiative	1	2	3	4	5	6	7	Erfolgsorientierung	1	2	3	4	5	6	7
Autonomie	1	2	3	4	5	6	7	Tatkraft	1	2	3	4	5	6	7
Durchsetzungsvermögen	1	2	3	4	5	6	7	Vitalität	1	2	3	4	5	6	7
Selbstvertrauen	1	2	3	4	5	6	7	Leistungsbereitschaft	1	2	3	4	5	6	7
Ehrgeiz	1	2	3	4	5	6	7	Idealismus	1	2	3	4	5	6	7
Zielstrebigkeit	1	2	3	4	5	6	7	Identifikationsbereitschaft mit Unternehmen/Institution	1	2	3	4	5	6	7

Merkmalgruppe 5

Autonomie	1	2	3	4	5	6	7	Stresstoleranz	1	2	3	4	5	6	7
Selbstständigkeit	1	2	3	4	5	6	7	Ausdauer	1	2	3	4	5	6	7
Verantwortungsbewusstsein	1	2	3	4	5	6	7	Belastbarkeit	1	2	3	4	5	6	7
Unabhängigkeit	1	2	3	4	5	6	7	Geduld	1	2	3	4	5	6	7
Zuverlässigkeit	1	2	3	4	5	6	7	Pflichtbewusstsein	1	2	3	4	5	6	7
Selbstdisziplin	1	2	3	4	5	6	7	Loyalität	1	2	3	4	5	6	7

Merkmalgruppe 6

analytisches Denken	1	2	3	4	5	6	7	kombinatorisches Denken	1	2	3	4	5	6	7
konzeptionelles Planen	1	2	3	4	5	6	7	effiziente Arbeitsorganisation	1	2	3	4	5	6	7
planvolles Vorgehen	1	2	3	4	5	6	7	Entscheidungsvermögen	1	2	3	4	5	6	7

Merkmalgruppe 7

Kosten-Nutzen-Bewusstsein	1	2	2	4	5	6	7	gesunder Materialismus	1	2	3	4	5	6	7
unternehmerisches Denken	1	2	2	4	5	6	7	physische Fitness	1	2	3	4	5	6	7
systematische Arbeitsorganisation	1	2	2	4	5	6	7	gesundheitliches Wohlbefinden	1	2	3	4	5	6	7
Zieldefinitionsfähigkeit	1	2	2	4	5	6	7	psychische Konstitution	1	2	3	4	5	6	7
Arbeitseffizienz	1	2	2	4	5	6	7	Selbstkontrollfähigkeiten	1	2	3	4	5	6	7

Auswertung

Welche 7- bzw. 1-Ankreuzungen haben Sie in den folgenden Merkmalgruppen vorgenommen? Bitte tragen Sie diese ein.

Sollten Sie die Extrempositionen (7,1) vermieden haben (weniger als fünfmal), verwenden Sie die 6- bzw. 2-Ankreuzwerte.

In der Merkmalgruppe 1
Persönlichkeit/Kommunikationsfähigkeit/soziale Kompetenz:

_____

In der Merkmalgruppe 2
Selbstständigkeit:

_____

In der Merkmalgruppe 3
Entscheidungsverhalten:

_____

In der Merkmalgruppe 4
Leistungsmotivation:

_____

In der Merkmalgruppe 5
Selbstkontrollfähigkeit/Aktivitätspotenzial:

_____

In der Merkmalgruppe 6
Systematisch-zielorientiertes Denken und Handeln:

_____

In der Merkmalgruppe 7
Wichtige allgemeine Merkmale:

_____

Nachdem Sie diese Liste bearbeitet haben: Gibt es Merkmale, die Sie vermisst haben und um die Sie die Liste erweitern möchten? Würden diese neuen, von Ihnen beigesteuerten Fähigkeiten eher die Bewertung 7 oder 1 bekommen? Was fällt Ihnen zu einzelnen Merkmalen, was zu den Merkmalgruppen insgesamt ein? Wo liegen Ihre **Stärken**, wo Ihre **Schwächen**? Welche **Botschaft** lässt sich aus Ihren positiven Fähigkeiten für den potenziellen Arbeitgeber formulieren? Mit welchen **Defiziten** müssen Sie sich ernsthaft auseinandersetzen, wenn Sie Ihre Dienstleistung erfolgreich vermarkten wollen? Welche Schwächen können Sie getrost vernachlässigen?

Im nächsten Schritt sollten Sie jetzt mit einem andersfarbigen Stift jeweils die **Qualifikationsmerkmale** markieren, von denen Sie glauben, dass sie von Arbeitgebern Ihres Wunschbereichs erwartet und für wichtig gehalten werden. Der Vergleich dieser beiden Profile (Selbstbild/imaginäres Idealbild; Markierungen durch eine Linie verbinden) wird Sie wiederum zum Nachdenken anregen.

Bitten Sie dann ausgewählte Personen Ihrer Umgebung, Sie einzuschätzen. Der **Vergleich beider Profile** (Selbst- und Fremdbild) wird Ihnen weitere **Denkanstöße** geben.

Auch hier gilt: Sollten Sie die Extrempositionen (7, 1) in Ihren Ankreuzungen vermieden haben (weniger als fünfmal), müssen Sie zwangsläufig die 6- bzw. 2-Ankreuzwerte verwenden.

Der Vorteil der Bearbeitung dieser Qualifikations-Merkmalliste besteht wie bei der ersten Adjektivliste in einem **verbesserten Selbstbewusstsein über die eigenen Fähigkeiten.** Nutzen Sie die Gelegenheit, an den im Selbst- oder Fremdbild sichtbar gewordenen Defiziten zu arbeiten. Nach dieser Übung sind Sie sicher in der Lage, etwa fünf positive, aber auch möglicherweise drei bis fünf defizitäre Merkmale zu benennen, die Ihre Fähigkeiten, Ihr Können und Nichtkönnen zutreffend beschreiben.

All dies geschieht im Hinblick auf Ihr Ziel: Wie können Sie für Ihr zunächst schriftliches Bewerbungsvorhaben dem potenziellen neuen Arbeitgeber Ihre persönlichen und fachlichen Qualitäten so prägnant und eindrucksvoll wie möglich in einer zusammenfassenden Botschaft vermitteln?

Neben der Notwendigkeit, im Rahmen einer Bewerbung eine überzeugende Botschaft zu vermitteln, gibt es einen noch wichtigeren Grund, Ihre speziellen Fähigkeiten zu kennen: Wenn Sie in Ihrem Beruf **auf Dauer wirklich erfolgreich** sein wollen, sollten Sie gerade **Ihre besonderen Begabungen und Fähigkeiten weiterentwickeln.** Es ist wichtig, dass Sie sich als Anbieter dieser speziellen Kompetenz deutlich von Ihren Mitbewerbern und von deren Fähigkeiten unterscheiden – im positiven Sinne. Das bedeutet wiederum: Sie müssen anders sein als andere und dies auch glaubwürdig vermitteln, um es zu einem späteren Zeitpunkt unter Beweis zu stellen.

Konzentrieren Sie sich vor allem auf das, was Sie gerne machen und besonders gut können. Versuchen Sie nicht, auf vielen Gebieten herausragend zu sein. Dies ist, wenn überhaupt, nur sehr schwer zu erreichen. Allroundtalente sind selten oder häufig nur mittelmäßig.

Um erfolgreich zu sein, müssen Sie **nicht andere kopieren** und deren Erfolgsrezepten hinterherlaufen. **Ihre eigenen Stärken wollen erkannt und ausgebaut werden.** Erwerben Sie so eine **sichtbare Kompetenz,** um mit diesem Image und Leistungsprofil konkrete Zielgruppen zu erhalten und deren Bedürfnisse nach Problemlösung besser zu bedienen als andere. Das gilt für die gesamte Arbeitswelt: Ein junger Feld-Wald-und-Wiesen-Anwalt, der mal Verkehrs-, mal Miet-, mal Steuerrechtsfälle bearbeitet, wird auf Dauer weniger Erfolg haben als sein Kollege, der sich nach reiflicher Erwägung der Frage: »Was kann ich?« vor allem auf Steuerrecht spezialisiert hat. Mit jedem neuen Steuerrechtsfall erweitert er seine Kompetenz, und wenn er die Probleme seiner Mandanten erfolgreich löst, weil er qualifiziert und hoch motiviert arbeitet, gewinnt er an Image und damit an Anziehungskraft für neue Mandanten. Bald wird er in seiner Umgebung der gefragte Anwalt für Steuerrecht sein.

Für das Vorstellungsgespräch sollten Sie nicht nur Ihre Qualifikationsmerkmale konkret benennen können, sondern unbedingt auch in der Lage sein, glaubhaft Situationen zu schildern, in denen Sie diese bereits erfolgreich bewiesen haben!

3. Was will ich?

Diese Frage ist scheinbar leichter zu beantworten als die nach den eigenen Fähigkeiten. Aber je länger Sie sich mit der Frage nach persönlichen Zielen beschäftigen, desto verschwommener, vielleicht sogar widersprüchlicher wird das Bild. Auch dieser Frage sollten Sie sich unbedingt mit Papier, Bleistift oder dem PC und vor allen Dingen mit genügend Zeit widmen.

Angesichts der besonderen beruflichen Situation für Jungakademiker erscheint Ihnen die Frage »Was will ich?« vielleicht als geradezu luxuriös, und Sie halten die Kurzantwort »Arbeit und damit Geld« für die einzig mögliche. Versuchen Sie es trotzdem! Sie haben das Kapitel über die wichtige Rolle Ihrer eigenen Einstellung zur Einstellung gelesen und wissen, dass eine resignativ-depressive Haltung (»In meiner Situation nehme ich jede akzeptable Aufgabe an«) die beruflichen Zukunftsaussichten nicht verbessert – so subjektiv verständlich sie auf den ersten Blick auch erscheinen mag.

Bei der Frage: »Was will ich?« sind private und berufliche Ziele zu unterscheiden. Für den Einstieg in diese Thematik empfehlen wir Ihnen zunächst, sich mit den zehn Leitsätzen zur Arbeitssuche zu befassen, die der amerikanische Arbeitsforscher David Maister aufgestellt hat:

1. Sie können sich nicht wirklich darüber klar werden, was Sie von Ihrem Berufsleben erwarten, wenn Sie nicht wissen, **was Sie von Ihrem Leben erwarten.**

2. Suchen Sie sich keinen Arbeitsplatz, bevor Sie nicht darüber nachgedacht haben, **was Erfolg für Sie bedeutet.**

3. Bestimmen Sie zuerst, **was Sie im Leben erreichen wollen,** und machen Sie sich erst dann auf den Weg zu Ihren Zielen.

4. **Man kann schnell einer (Selbst-)Täuschung anheimfallen,** wenn es um die Frage geht: Was erwarte ich vom Leben?

5. Viele Leute um Sie herum sagen Ihnen, was Sie vom Leben erwarten sollen: Ihre Eltern, Lehrer, Geschwister, Freunde. Sie müssen die Ratschläge anderer Menschen für sich nicht akzeptieren. **Gehen Sie Ihren eigenen Weg.**

6. Versuchen Sie, einen sinnvollen, für Sie tragbaren **Kompromiss** zwischen Ihren **Idealvorstellungen** und den Angeboten und Möglichkeiten der **Realität** zu finden.

7. Die meisten Menschen sind permanent bemüht, andere Menschen zu beeindrucken. **Finden Sie heraus, wen Sie beeindrucken wollen und warum.**

8. **Man kann nicht alle Menschen gleichermaßen von sich überzeugen.** Manche lassen sich durch Geld, andere durch Status, Intellekt, Charakter oder Fertigkeiten beeindrucken. Weshalb wollen Sie bewundert werden und von wem? Wir alle wünschen uns **Beachtung** und **Wertschätzung.** Die Frage ist nur, in wessen Augen und auf welche Weise.

9. **Keiner spricht gerne offen von seinen Wünschen,** beispielsweise steinreich zu werden, immer im Mittelpunkt des Interesses zu stehen, von allen bewundert zu werden oder Macht ausüben zu können. Überwinden Sie sich und gestehen Sie sich schonungslos ein, was Sie anderen gegenüber nicht so gerne zugeben würden. Es hilft Ihnen, herauszufinden, worum es Ihnen wirklich geht.

10. Sorgen Sie sich nicht, ob Sie eine berufliche Aufgabe gut lösen können. Wenn sie die **richtige Herausforderung für Sie** ist, wenn Sie Spaß und Erfüllung dabei haben, werden Sie diese **problemlos bewältigen.**

Denken Sie intensiv über diese zehn Punkte nach; auch die weiteren Fragen sind Ihnen bei Ihrer Zielfindung behilflich.

Zur persönlichen Situation

- Was haben Sie bisher in Ihrem Leben erreicht?
- Was haben Sie bisher trotz aller Vorsätze nicht erreicht und warum nicht?
- Was missfällt Ihnen an Ihrer gegenwärtigen persönlichen Situation?
- Was möchten Sie diesbezüglich am schnellsten ändern und was kann noch warten?
- Wie sieht Ihre Situation mit dem Partner bzw. Ihre familiäre Situation aus? Wo gibt es größere Probleme?
- Wer fördert oder behindert Sie in Ihrer persönlichen Entwicklung?
- Welchen Einfluss auf Ihre persönlichen Zielvorstellungen und Entscheidungen haben Ihr/-e Partner/-in, Ihre Familie, Ihre Kinder, Freunde und andere Bezugspersonen?
- Welche Ihrer persönlichen Eigenschaften sind für Ihre Mitmenschen besonders wertvoll und wichtig?
- Welchen Einfluss wird die von Ihnen angestrebte Berufstätigkeit vermutlich auf Ihr Privatleben haben?
- Und umgekehrt: Welchen Einfluss hat Ihr Privatleben auf Ihre Berufswahl?
- Welche persönlichen Gründe sprechen gegen eine Tätigkeit in einem studienfremden Beruf?
- Welche persönlichen Gründe sprechen gegen einen Ortswechsel?
- Welche persönlichen Schwierigkeiten sehen Sie in der Zukunft vor sich?

- Sind Sie sich über die Veränderung im Klaren, die der Statuswechsel von der Hochschule zum Beruf für Sie persönlich und für Ihr Lebensumfeld bedeutet?

Zur Ausbildungs- und beruflichen Situation

- Was haben Sie bisher im Studium und/oder im Beruf erreicht?
- Was haben Sie trotz aller Vorsätze nicht erreicht?
- Was lässt bei Ihnen – sowohl generell als auch ganz konkret – berufliche Zufriedenheit/Unzufriedenheit entstehen?
- Welche Ihrer beruflichen Kenntnisse und Fähigkeiten sind für Ihren zukünftigen Arbeitgeber und Ihre potenziellen Kollegen besonders wichtig und wertvoll?
- Welche beruflichen Förderer haben Sie?
- Wer sind in Ihrem Fall die »Steine-in-den-Weg-Leger«?
- Wer könnte das jeweils in Zukunft sein?
- Wie sehen Ihre beruflichen Ziele bezogen auf Position und Verdienst aus?
- Wie sind die generellen Zukunftsaussichten in der von Ihnen gewählten Branche/in Ihrem zukünftigen Beruf einzuschätzen?
- Welche beruflichen Schwierigkeiten sehen Sie in der Zukunft für sich?
- Welchen Einfluss auf Ihre beruflichen Zielvorstellungen und Entscheidungen haben Ihr/-e Partner/-in, Ihre Kinder, Eltern, Freunde und andere Bezugspersonen?
- Welche Gründe sprechen für einen durch den Berufseinstieg begründeten Ortswechsel? Sind Sie flexibel?
- Trauen Sie sich zu, eine völlig andere (studienfremde) berufliche Aufgabe zu übernehmen?

Versuchen Sie aus der schriftlichen Beantwortung jeder einzelnen Frage jeweils bestimmte **Schlüsselwörter** zu entwickeln, die **Ihr Ziel möglichst kurz und prägnant beschreiben**. Abstrahieren Sie dabei ruhig, verkürzen und vereinfachen Sie gegebenenfalls und bringen Sie so die für Sie persönlich wichtigen Dinge auf den Punkt.

Eine **Rangfolge der Zielvorstellungen** hilft Ihnen, **Prioritäten** zu erkennen und Schwerpunkte zu bilden. Das bringt Ihnen mehr Klarheit und nützt Ihnen bei der Abwägung von Gründen für oder gegen einen Arbeitsplatz, auch wenn er studienfremde Aufgaben beinhaltet. Wichtig dabei ist auch die neu gewonnene verbale Kompetenz bezüglich der zentralen Frage: »Was will ich, was ist wirklich wichtig für mich?«

4. Was ist möglich?

Vom Tellerwäscher zum Millionär, vom Taxifahrer zum Außenminister, vom Schauspieler zum Präsidenten – und umgekehrt: Nichts erscheint unmöglich. Glauben Sie jedoch nicht allen Versprechungen, egal von welcher Seite, und versuchen Sie, **realistisch** an Ihre Aufgaben- und Arbeitsplatzsuche heranzugehen.

Wer andererseits gegen seine Wünsche und Vorstellungen schnell die Schere im Kopf ansetzt, erreicht mit Sicherheit weniger, als es sein Potenzial zuließe. Zu viel, aber auch zu wenig Fantasie kann schädlich sein. Ihre persönliche Balance müssen Sie selbst herausfinden. Auf jeden Fall sollten Sie davon ausgehen, dass das graue Mittelmaß nicht nur für Sie uninteressant ist.

Sicherlich kann die Frage nach Ihren individuellen Möglichkeiten nicht pauschal behandelt werden – aber mit den folgenden Überlegungen kommen Sie ein Stück weiter.

Nach der Bearbeitung der vorangegangenen Abschnitte wissen Sie einiges über Ihre **persönlichen Qualitäten, beruflichen Fähigkeiten und**

über Ihre Lebensziele. Aus dieser Analyse von Ist-Zustand und Zielen ergeben sich die Fragen:

- In welches **Aufgabengebiet** passen Ihre Stärken wie der sprichwörtliche Schlüssel zum Schloss? Mit welchen Qualitäten und Fähigkeiten können Sie erfolgreich Probleme lösen und Aufgaben konstruktiv bewältigen?
- Welche speziellen **Aufgabenstellungen** würden sich aus Ihren persönlichen und beruflichen Fähigkeiten und Qualitäten ergeben?
- Sie müssen Ihre Fähigkeiten auf dem Arbeitsmarkt verkaufen. Also: Wer könnte an Ihren Fähigkeiten interessiert sein? Bei **welchen Jobs** könnten Sie Ihre besondere Kompetenz optimal zur Geltung bringen?
- Welche **Einsatzgebiete** gibt es für Ihre Fähigkeiten? Wie sehen Ihre Verkaufschancen aus?

Bedenken Sie: In den Bereichen, in denen Sie gerne und deshalb auch gut arbeiten, werden Sie sich leicht weiterentwickeln und besser und erfolgreicher sein. Überlegen Sie dabei, wie Sie Ihre unterschiedlichen Fähigkeiten und Qualitäten so kombinieren, dass diese Ihre Verkaufschancen auf dem Arbeitsmarkt vergrößern.

Auf welchem Gebiet und für welchen Auftraggeber Sie arbeiten, sollten Sie weitestgehend **selbst bestimmen**. Plakativ verkürzt: Die Tatsache, dass Bäcker gesucht werden, weil keiner gerne früh aufsteht, ist noch lange kein Grund, dass ausgerechnet Sie sich diesen Job aussuchen. Fragen Sie sich zuerst, **für welche Problemlösungen auf dem Arbeitsmarkt Ihre speziellen Fähigkeiten am besten geeignet sind**. Anders ausgedrückt: Wo finden Sie den **für Sie und Ihre Fähigkeiten optimalen Einsatzort**, d.h. Arbeitsplatz?

Wichtig ist uns, nochmals auf Folgendes hinzuweisen: Jeder Mensch neigt dazu, in einer persönlichen und beruflichen Übergangs- oder Krisensituation seinen Gestaltungs- und Handlungsspielraum eher zu unterschätzen. Schließlich geht es um nichts Geringeres als um die Verwirklichung unserer individuellen beruflichen Ziele. Zweifelsohne ist die Frage: **»Was ist möglich?«** bei einer angespannten Arbeitsmarktsituation nicht einfach zu beantworten. Quälen Sie sich mit dieser Frage also nicht allein herum. **Beteiligen Sie andere Personen an diesem Denkprozess.** Greifen Sie auf die Fantasie Ihrer Mitmenschen zurück.

Die folgenden Zeilen sollen depressiv verstärktes Risiko und konstruktiv optimierte Chancen der hier behandelten Aspekte verdeutlichen:

Ich weiß nicht, wer ich bin.		Ich bin mir meiner selbst bewusst.
Ich kann nicht, was ich will.	**versus**	Ich kann, was ich will.
Ich will nicht, was ich kann.		Ich will, was ich kann.
Was möglich ist, das mag ich nicht.		Was möglich ist, das mache ich.

Kommunikationsziele, Botschaften und Argumentation (KBA)

Wer weiß, was er dem zukünftigen Arbeitgeber von sich vermitteln möchte, tritt anders auf und wird auch anders wahrgenommen. Und darum geht's: Wer aufgefordert ist, sich selbst zu präsentieren, und wer vermitteln möchte, er ticke so und so, sei aus diesem oder jenem Holz geschnitzt (Persönlichkeit), habe diese besonderen Beweggründe (Leistungsmotivation) und sich auch auf die zukünftigen beruflichen Herausforderungen (Kompetenz) vorbereitet, kommt deutlicher besser rüber und hilft der Auswahljury, sich leichter für ihn zu entscheiden.

Bisher haben wir uns vor allem mit dem Was beschäftigt: mit Ihrer Person, Ihren persönlichen Merkmalen und den (zukünftig notwendig werdenden) beruflichen Fähigkeiten, die man bei Ihnen beispielsweise im Assessment-Center beobachten will und auf die Sie auch im Vorstellungsgespräch konkret angesprochen werden.

Jetzt geht es uns um das **Wie**, um den **gelungenen Transfer**, also: Nach »Was wollen Sie von sich vermitteln?« kommt jetzt **»Wie kommunizieren Sie es erfolgreich?«**. Und vor allem **»Wie verankern Sie es in den Köpfen Ihrer Zuhörer und Entscheider?«**.

Sie wollen einen Gedanken, eine Idee oder Botschaft einer Person näherbringen. Sie möchten eine **Entscheidung beeinflussen.** Sie soll so fallen, wie Sie es sich wünschen. Dabei müssen Sie ähnlich vorgehen, wie wir es aus der Welt der Werbung kennen. Darauf basiert das **KBA-System.** Es eignet sich hervorragend, um erfolgreich zu kommunizieren und zu überzeugen. **Drei aufeinander abgestimmte Schritte (Kommunikationsziel, Botschaften und Argumentation)** sind dafür zu beachten:

1. **Was wollen Sie** Ihrem Gegenüber, z. B. dem Arbeitgeber, kommunizieren? Was ist Ihr Anliegen, Ihr Ziel? Dies ist der wichtigste und schwierigste Baustein, der die längste Bearbeitungszeit in Anspruch nimmt: die Definition Ihres Kommunikationsziels.

2. **Wie formulieren Sie** aus den sorgfältigen Überlegungen zu Ihrem Kommunikationsziel verständliche, schnell begreifbare, überzeugende Botschaften? Hier kommt es besonders auf Ihre Fähigkeit an, etwas auf den Punkt zu bringen.

3. **Wie untermauern Sie** die ausgewählten und präzise formulierten Botschaften, um deren Glaubwürdigkeit und Überzeugungskraft (mittels Argumentation) ebenso zu stärken wie deren Erinnerungsgehalt?

Wir stehen am Anfang eines Drei-Schritte-Systems: Kommunikationsziel definieren – Botschaften formulieren – Argumente zusammenstellen. Diese drei Schritte sind ein Leitfaden oder eine Art Struktur, mit der Sie sich inhaltlich so organisieren können, dass bei Ihrem Gegenüber auch wirklich etwas ankommt.

Vielen fällt als **Kommunikationsziel** – wenn überhaupt – spontan ein: »Ich will diesen oder jenen Job, denn: Ich bin der Beste, Kompetenteste, ganz besonders motiviert ...« – so die häufigste Argumentation. Ziemlich schwach; auch andere Mitbewerber behaupten, für den Job / die Trainee-Stelle am besten geeignet zu sein. Jetzt geht es für Sie darum: Wie können Sie es besser machen und sich damit von anderen positiv abheben?

Das Kommunikationsziel

Zunächst entwickeln Sie ein Kommunikationsziel. Sie haben die Aufgabe, sich genau zu überlegen:

* Was für ein Mensch sind Sie beruflich und privat?
* Welche besonderen Fähigkeiten und Leistungsmerkmale zeichnen Sie aus?
* Was können und wollen Sie damit zum Wohle eines Ihnen vertrauenden Auftraggebers oder eines Unternehmens, das Sie einzustellen wünscht, beitragen?

Als Leitlinie können Sie die Betrachtungsebenen nutzen, die Sie bereits kennen (siehe Seite 24): Kompetenz, Leistungsmotivation, Persönlichkeit, das dreiteilige KLP-Modell oder das SOAP-Modell: Sozialverhalten, berufliche Orientierung, Arbeitsverhalten, psychische Konstitution.

In einem zeitlichen Kontext geht es dabei immer um **Vergangenheit, Gegenwart und Zukunft**, das **VGZ-Modell:**

* Woher kommen Sie und was haben Sie dort geleistet?
* Wofür stehen Sie, aus welchem Holz sind Sie geschnitzt?
* Was können Sie für das Unternehmen zukünftig leisten, was ist Ihr Versprechen?

Mit diesen Modellen können Sie Ihr Kommunikationsziel und Ihre Botschaften inhaltlich füllen und dann **durch konkrete Berichte unterfüttern**, um deren Glaubwürdigkeitsgehalt zu steigern. Ihr definiertes und niedergeschriebenes Kommunikationsziel könnte z. B. so aussehen:

»Mein **Kommunikationsziel** ist es, den Personalentscheidern zu vermitteln, dass ich ein Mensch bin, der über außergewöhnliche **kommunikative Begabungen** verfügt. Darunter ist zu verstehen: Ich bin sehr gut in der **Kontaktaufnahme** zu anderen, kann mich schnell und gewandt ausdrücken und ohne große Hemmungen mit jedem Menschen leicht ins Gespräch kommen, und das mit Menschen aller Ebenen. Andere **vertrauen** mir auffällig schnell. Ich wirke auf viele Personen **ermutigend** und bin ein sehr guter und **aufmerksamer Zuhörer.** Trotz meiner Freude am Austausch und gezielten Gesprächen kann ich mich **abgrenzen** und agiere überlegt.«

Die Botschaften

In einem zweiten Schritt sollten Sie aus Ihren Zielvorstellungen klare und schnell zu verstehende Botschaften entwickeln. In unserem Beispiel wären das folgende:

- »Meine **drei wichtigsten Botschaften** lauten: Ich bin ein **kommunikativ begabter** Mensch, der mit anderen mühelos ins Gespräch kommt und dadurch nachhaltige Beziehungen aufbaut.
- Ich gewinne schnell das **Vertrauen** anderer Menschen und bin ein guter und aufmerksamer **Zuhörer,** aber auch ein präziser **Beobachter.** Dadurch gelingt es mir, Probleme und deren Ursachen schneller zu erkennen und einer Lösung zuzuführen.
- Bei aller Kontakt- und Kommunikationsfreudigkeit kann ich mich auch abgrenzen, bleibe **souverän** und **unabhängig,** vernachlässige keinesfalls das Nachdenken und Handeln.«

Die Argumentation

In einem dritten Schritt ist es wichtig, die Argumente zu finden, die aus den Behauptungen Fakten werden lassen. Denken Sie also darüber nach: Mit welchen beispielhaften Anekdoten, durch welche Detailbeschreibungen können Sie Ihrem Gegenüber verdeutlichen, dass Ihre in den Botschaften enthaltenen Aussagen glaubwürdig sind? Welche Situationen, Begebenheiten in Ihrem (Berufs-)Leben verdeutlichen, was Ihre Botschaften als Kurzformeln transportieren sollen? Wenn Sie hier den richtigen Erzählstoff beisammen haben, stehen Ihre Argumente. Sie können damit die Glaubwürdigkeit Ihrer überlegt ausgewählten Botschaften festigen und untermauern. In unserem Beispiel könnten die Argumente so aussehen:

> »**In meinem Job als Teamleiter** für eine PR- und Eventagentur verfügte ich über ein **großes Netzwerk.** Ich wurde und werde immer noch zu vielen privaten Veranstaltungen meiner Kollegen und sogar von Vorgesetzten eingeladen, bin mit einigen von ihnen in **verschiedenen Interessengruppen** zusammen. So hatte ich immer einen gewissen **Informationsvorsprung**, der mir oft geholfen hat, besser zu verstehen, was die besonderen Herausforderungen sind.«

Anhand dieses Beispiels vermitteln Sie auch Ihre ...

- **Kompetenz:** »... meine Ausbildung, mein Werdegang (konkret, aber kurz benennen), die Schwerpunkte und Erfolge (dito), ein gewisses Geschick im Umgang mit Menschen.«

- **Leistungsmotivation:** »... **die Ziele, die ich mir selbst gesetzt und erreicht habe,** im Ausbildungskontext und im beruflichen Sinne (2 – 3 Beispiele), aber auch im Privaten (dito).«

- **Persönlichkeit:** »Ich bin ein kontakt- und kommunikationsstarker Typ, dem Menschen schnell vertrauen. Ich erweise mich dieses Vertrauens würdig.«

Vergangenheit	Gegenwart	Zukunft	
Woher Sie kommen und was Sie bisher geleistet haben	Was Sie aktuell machen und wofür Sie stehen	Was Sie einbringen werden und versprechen, zukünftig zu leisten	
Ausbildung / Entwicklungen, Hintergrund / Motive, erste Herausforderungen und Erfolge	Kompetenz / Werte, mit Spezialisierung auf ..., aktuelle Herausforderungen, Problemlösungspraxis	Ziele/Weiterentwicklung, Problemlösungs-, innovatives, kreatives Potenzial, Visionen	K O M P E T E N Z
Mit welchem Kommunikationsziel? Wie lauten Ihre Botschaften? Mit welchen Argumenten belegen Sie das?	Kommunikationsziel Botschaften Argumente Bilder Geschichten	Kommunikationsziel Botschaften Argumente Bilder Geschichten	
Leistungsmotivation, strategische Kompetenz, auf welcher Ebene, Durchhaltevermögen	Leistungsmotivation, strategische Kompetenz, in welcher Verantwortung, Ausdauer	Leistungsmotivation strategische Kompetenz, zukünftige Rolle, langer Atem, Vision	L E I S T U N G
Mit welchem Kommunikationsziel? Wie lauten Ihre Botschaften? Mit welchen Argumenten belegen Sie das?	Kommunikationsziel Botschaften Argumente Bilder Geschichten	Kommunikationsziel Botschaften Argumente Bilder Geschichten	
Charakterlich prägende Erfahrungen, Kritikfähigkeit, Frusttoleranz, soziale Kompetenzen, Teamfähigkeit	Sozialkompetenz, Kommunikationsvermögen, weitere soziale Kompetenzen, Integrationsfähigkeiten	Führungskompetenz, Mitarbeiterentwicklung, Zusammenarbeit, Sympathiemobilisierungspotenzial	P E R S Ö N L I C H K E I T
Mit welchem Kommunikationsziel? Wie lauten Ihre Botschaften? Mit welchen Argumenten belegen Sie das?	Kommunikationsziel Botschaften Argumente Bilder Geschichten	Kommunikationsziel Botschaften Argumente Bilder Geschichten	

Und Sie können so Ihre Vergangenheit, Gegenwart und Zukunft miteinbeziehen:

> **Woher komme ich, was habe ich dort bisher geleistet**: »Nach meinem Abitur habe ich ein Studium ... absolviert und bin dann wegen eines Praktikums nach ... gegangen. Ich lernte auf diese Weise ... Dadurch gelang es mir, dies und das zu begreifen ... und so konnte ich ... Ich habe dadurch ...«
>
> **Dafür stehe ich, so funktioniere ich**: »Neulich erfuhr ich von einem Kommilitonen, dass er an mir dies und das besonders schätzt. Ich kann nur sagen, ich stehe für ... Meine wichtigsten Werte sind ... Als mein Leitbild habe ich immer ... angesehen. Dieser/jener hat mich besonders beeindruckt durch/, weil ... Das hat mich entscheidend geprägt ...«
>
> **Was verspreche ich zukünftig für meinen Auftraggeber zu leisten**: »Aus meiner Sicht sehe ich in dieser Problemkonstellation/ in diesem Setting/bei dieser Aufgabe... eine besondere Herausforderung für mich insoweit, als ...«

Bessere Wirkung durch prägnant formulierte Kommunikationsziele, Botschaften und Argumente!

Beispiel Parteigründung und was Sie daraus lernen

Angenommen, Sie würden eine neue Partei gründen. Eine, die etwas bewegen und erreichen will, für mehr Gerechtigkeit, mehr Umweltschutz usw. Wenn Sie jetzt auf Ihre Nachbarn zugehen und diese um ihre (Wähler-)Stimme bitten, sind Sie auf die Frage vorbereitet: *Erklären Sie uns doch, was diese Partei anders und besser machen will.* Das genau trifft auch auf Ihre **Bewerbungssituation** zu. Geben Sie fundiert Auskunft, **wofür Ihre Partei steht und warum man diese wählen sollte.** Das alles tun Sie, weil Sie **um Vertrauen und Zutrauen werben.** Sie wollen, dass man sich für Ihre Partei entscheidet! Bezogen auf Ihre berufliche Situation wollen Sie vom Arbeitgeber als **Problemlöser** (aus-)gewählt werden.

Warum sollte man sich für Sie entscheiden?

Geben Sie dem Entscheider Auskunft, wofür Sie stehen, was Ihr besonderes **Alleinstellungsmerkmal** (USP) ist. Und das sollten Sie sich vorab genauestens überlegen. Nicht nur vor dem Vorstellungsgespräch, sondern auch schon bei der Erstellung Ihrer schriftlichen Unterlagen.

Was wollen Sie vermitteln?

Wieder kommen wir an den Punkt: Was wollen Sie von sich, von Ihrer Kompetenz, Ihrer Leistungsfähigkeit und Ihrer Persönlichkeit präsentieren? Was soll Ihr Gegenüber von Ihnen denken? Wofür stehen Sie? Nicht einmal drei Prozent aller Bewerber bereiten sich in diesem Sinne vor. Und doch trägt gerade dies maßgeblich zum Bewerbungserfolg bei.

> **Kommunikationsziel** formulieren, **Botschaften** entwickeln und **Argumente** (Geschichten) finden, die dies alles anschaulich und glaubhaft vermitteln. Der dritte Schritt für eine überzeugende (Selbst-) Darstellung ist die Formulierung von guten Argumenten. **Wieso, warum sind Sie ein Mensch mit außergewöhnlichen kommunikativen Begabungen?** Welche Situationen in Ihrem (Berufs-)Leben verdeutlichen, was Ihre Botschaften als Kurzformeln transportieren sollen? Ihre Argumente unterstreichen so die Glaubwürdigkeit Ihrer Botschaften und Ihres Kommunikationszieles.

Bringschuld: Sie liefern Entscheidungsvorlagen

Ihr Kommunikationsziel, Ihre Botschaften und Argumente (Beispiele, die belegen) ergeben in einem idealen Dreiklang die Entscheidungsgrundlage, auf der sich ein Arbeitsplatzanbieter für Sie als den richtigen Kandidaten entscheiden kann. Nutzen Sie diese Chance! Denn darum geht es: erfolgreich zu kommunizieren, was Ihr Gegenüber dazu bewegt, sich für Sie als den besten Bewerbungskandidaten zu entscheiden und Ihr Problemlösungsmitarbeitsangebot anzunehmen. **Das muss sorgfältig geplant und gut durchdacht** sein.

Bestandsaufnahme und Orientierung

- **Vergleichen Sie Ihr Selbst- und Fremdbild**
  Erstellen Sie eine Liste von wichtigen beruflichen und persönlichen Eigenschaften, Merkmalen, Fähigkeiten und Talenten. Gehen Sie diese selbstkritisch durch und bitten Sie Ihr Umfeld um Einschätzung Ihrer Person auf dieser Liste (ohne dass die Person Ihre Selbsteinschätzung kennt). Wie sehen Selbst- und Fremdbild im Vergleich aus? Was sagen Ihnen die Abweichungen?

- **Setzen Sie sich mit sich selbst auseinander**
  Die intensive Auseinandersetzung mit der eigenen Person, Ihren Eigenschaften und Ihren Fähigkeiten hilft Ihnen bei der Beantwortung der vier wichtigen Fragen: »Was für ein Mensch bin ich?«, »Was kann ich?«, »Was will ich?« und »Was ist möglich?«. Das bringt Sie in eine gute Ausgangsposition und erleichtert den Kommunikationsprozess, bei dem Sie Ihr Gegenüber von Ihrem Mitarbeitsangebot überzeugen wollen.

THEORIE & PRAXIS

Wunschkandidaten: Wovon Arbeitgeber träumen

Wovon träumen Arbeitgeber? Wie sieht ihr Wunschkandidat aus? Worauf wird gerade bei der Auswahl von Hochschulabsolventen und Berufseinsteigern geachtet? Und auf welche Weise erfüllen Sie das Anforderungsprofil?

Mit welchen Wünschen werden Sie konfrontiert, wenn Sie sich bewerben? Was sind die persönlichen und beruflichen Anforderungen, die der Arbeitgeber an Sie stellt?

Die **Erkenntnisse** aus der ersten, zweiten und dritten **Situationsanalyse** (Was für ein Mensch bin ich? Was kann ich? Was will ich?) müssen mit der **Realität** (Was ist möglich?) **in Einklang gebracht** werden. Dabei sollten Sie auch andere Personen und deren Blick für die Tatsachen und Möglichkeiten einbeziehen. Gespräche mit dem Lebenspartner, mit Familie, Freunden, Bekannten, Fachberatern (Arbeitsagentur, Personalberatungsunternehmen etc.) bis hin zu Studien- oder Berufskollegen können sehr hilfreich sein.

Unsere langjährige Forschungs- und Beratungstätigkeit zur speziellen Thematik Bewerbung hat als Quintessenz **drei Faktoren** ergeben, **die bei einer Bewerbung von entscheidender Bedeutung sind:**
1. **Kompetenz**
2. **Leistungsmotivation**
3. **Persönlichkeit**

Das bedeutet:
1. Verfügt der Kandidat über die erforderlichen allgemeinen wie fachspezifischen **Qualifikationsmerkmale?**
2. Was bewegt den Bewerber? Welches sind seine **Motive** für die Wahl dieses Arbeitsplatzes und dieser Aufgabe? Ist er **motiviert,** Außerordentliches für die Verwirklichung der Ziele des Unternehmens/der Institution zu leisten?
3. Mobilisiert der Bewerber **Sympathiegefühle?** Kann man sich mit ihm wohlfühlen? Passt er zum Team, zum Unternehmen/zur Institution? Stimmt die persönliche Chemie?

Während Sympathie (wie auch Antipathie) bei einer ersten Begegnung affektiv spürbar ist, werden die Schlüsselmerkmale Leistungsmotivation und Kompetenz attribuiert und kognitiv zugeschrieben, d. h. im Zusammenhang mit verschiedenen Abwägungen und Überlegungen dem ersten Eindruck hinzugefügt. Es geht hier um Merkmale, die sich nicht unmittelbar affektiv mitteilen. Und dennoch: **Gerade bei Leistung und Können spielt auch das Vertrauen in Ihre Potenziale eine große Rolle.** Wie wir bereits im vorigen Kapitel gesehen haben, muss es aus Bewerbersicht daher das Ziel sein, diese drei Essentials (Persönlichkeit, Leistungsmotivation und Kompetenz) während des gesamten Bewerbungsverfahrens so überzeugend auszustrahlen, dass sie beim Arbeitgeber glaubhaft ankommen. Dafür ist Ihre **intensive Auseinandersetzung mit den vier Fragen** zu Ihrer **Standortbestimmung** wichtig: **Wer bin ich? Was kann ich? Was will ich? Was ist möglich?**

Ihre Ergebnisse fließen direkt in die Bereiche Persönlichkeit, Leistungsmotivation und Kompetenz ein. Dabei kommt es auch auf die von Ihnen ausgewählten Schlüsselbegriffe an.

- Was für ein Mensch sind Sie und wie präsentieren Sie sich?
- Wie bringen Sie Ihre Leistungsmotivation deutlich zum Ausdruck?
- Wie vermitteln Sie überzeugend Ihre Kompetenz?

Die Reihenfolge ist nicht zufällig gewählt. Am wichtigsten sind Ihre Person und Ihre Wesensart, denn der zentrale Faktor der **Persönlichkeit** spielt auch bei allen anderen Aspekten eine bedeutende Rolle.

> Vor der Beschäftigung mit Ihrer Kompetenz steht die Frage nach Ihrer **Leistungsmotivation: Was bewegt Sie** und wie stark ist diese **Antriebskraft**? Wie sehen Ihre **Ziele** aus und was setzen Sie ein, um diese zu erreichen? Wie lassen sich Ihre Leistungen in der Vergangenheit beschreiben und welche Prognosen kann man daraus für die Zukunft ableiten?

Deutlich abgeschlagen hinter diesen beiden Aspekten der Persönlichkeit und der Motivation folgt der **Kompetenzfaktor**. Adäquate Ausbildung und vielleicht ein Minimum an Berufserfahrung (Praktika) als Komponenten der fachlichen Qualifikation werden als Basis vorausgesetzt. Nicht zuletzt bewerben sich ja zahlreiche Hochschulabsolventen mit der gleichen oder einer sehr ähnlichen Qualifikation. Gleichwohl spielt Kompetenz in der Bewerbungssituation nicht die alles entscheidende Rolle. Auch der am kompetentesten wirkende Kandidat kann scheitern, wenn seine Persönlichkeit nicht den Wunsch aufkommen lässt, mit ihm zusammenzuarbeiten.

Die drei entscheidenden Faktoren für Ihren Bewerbungserfolg kennen Sie jetzt. Worauf achten Personalchefs nun im Einzelnen, worauf kommt es bei der Persönlichkeit, bei der Leistungsmotivation und der Kompetenz detailliert an?

Berufliche Zielorientierung

Beginnen Sie möglichst früh, sich auf ein Berufsziel mit einem **möglichst konkreten, eingegrenzten Aufgabengebiet** zu **konzentrieren**. Da reicht es nicht aus, zu wissen, dass Sie eines Tages vielleicht Jurist, Psychologe oder Mediziner sein wollen. Eine **spezielle Berufsrichtung** aufgrund der sich abzeichnenden **Neigungen und Begabungen** sollte frühzeitig eine entscheidende Rolle spielen.

Auch der **regelmäßige Blick auf den Arbeitsmarkt und die Stellenangebote** liefert Ihnen dafür wichtige Informationen. So können Sie rechtzeitig Veränderungen sowohl des Arbeitsmarktes (neue Berufsaufgaben) als auch der fachlichen Entwicklung erkennen und studieren nicht am realen Praxisbedarf vorbei.

Konkreter: Ob Augen-, Sport- oder Nervenarzt, Arbeits- oder Tropenmediziner – die richtige Richtung gilt es zeitig zu erkennen und durch gezielte Kontakte, Fortbildungen und Praktika auszubauen oder zu vertiefen. Nur wer Ziele vor Augen hat, kann den Weg dahin finden.

Bewerbungen und sogar Einstellungen finden immer häufiger bereits vor dem Erhalt des Hochschulabgangszeugnisses statt. Sie können also auch mit **Jobs und Praktika persönliche Kontakte zu potenziellen Arbeitgebern** aufbauen und sich so bekannt machen. Ihre Abschlussarbeit kann in Absprache mit einem potenziellen Arbeitgeber einen erheblichen persönlichen Extranutzen bedeuten, und sogar Fachgespräche auf Messen und Kongressen sind ein gutes Mittel, um Ihren Berufseinstieg vorzubereiten. Immer geht es darum, Ihre persönlichen Chancen auszuloten und zu überprüfen, ob der Arbeitgeber für Sie infrage kommt, sowie sich gleichzeitig als interessante potenzielle Arbeitskraft zu präsentieren.

Arbeitgeber wissen diese auf den Beruf und den Arbeitsplatz bezogene **Zielorientierung** zu schätzen, denn sie lässt in der Regel auf eine **besondere Motivation** schließen und macht so jenes Extra aus, das Sie von anderen Bewerbern unterscheidet.

Einstiegschancen

Auf den richtigen Einstieg kommt es an – und der ist mit einem entsprechenden Bewerbungsverfahren verbunden. Abgesehen davon gilt es für Sie als Jungakademiker und Berufsanfänger, zwei Chancen zu nutzen: erstens in die Situation zu kommen, **überhaupt anfangen zu dürfen,** und zweitens damit die Möglichkeit zu haben, **im Praxisalltag zu beweisen,** dass Sie etwas können – nämlich erfolgreich arbeiten. Das trifft sowohl für den Jungmediziner als auch für die frischgebackene Journalistin zu, für den Volkswirt oder für den Juristen. **Jeder Beruf, jede Branche hat beim Einstieg für Anfänger ihre eigenen Regeln.** Die gilt es frühzeitig in Erfahrung zu bringen.

Ohne hier weiter auf die speziellen Vor- und Nachteile bestimmter Einstiegsprogramme einzugehen, raten wir Ihnen, genauestens darauf zu achten, wer was wie anbietet. Es gibt Unternehmen, deren Programme einen exzellenten Ruf genießen, und andere, bei denen diese Form der Ausbildungszeit nahezu vertan ist. Eine kurze Übersicht möchten wir Ihnen aber im Anschluss bieten.

Praktikum – der Fuß in der Tür

Mindestens ein Praktikum haben Sie wahrscheinlich schon studienbegleitend absolviert. Wenn nicht, wird es höchste Zeit, denn es bietet viele Vorteile und kann Ihnen den erfolgreichen Einstieg ins Berufsleben ebnen: Sie können vor Ort überprüfen, ob die Branche, der Beruf, die Tätigkeit Ihnen Spaß macht, ob dies alles zu Ihnen passt und ob es am Arbeitsplatz so zugeht, wie Sie sich das vorgestellt haben. Darüber hinaus eignet sich diese Zeit wunderbar, um Kontakte zu knüpfen (Stichwort Networking), und wenn Ihr Praktikum gut verlaufen ist, haben Sie bessere Chancen bei der folgenden Bewerberauswahl. Denn im Gegensatz zu den anderen Bewerbern kennt man Sie bereits, und Sie wiederum werden die Arbeit mit einer realistischen Einstellung antreten. Das bestätigen auch die Personaler, die sich lieber für einen erprobten Praktikanten als für einen unbekannten Bewerber entscheiden.

Allerdings ist nicht jedes Praktikum gleich eine Eintrittskarte für den begehrten Beruf. Oft arbeiten hoch qualifizierte Praktikanten bis zu einem Jahr in ihrem ersehnten Traumjob. Sie übernehmen dieselben Tätigkeiten wie Festangestellte und bekommen als Entlohnung wesentlich weniger Geld. Am Ende des Praktikums erhalten Sie nichts weiter als ein Zeugnis ... Dann bleibt nur die Suche nach einer neuen Praktikantenstelle – oder einem anderen Job. Sorgen Sie dafür, dass aus Ihrem Praktikantendasein keine Karrierefalle wird.

Übrigens: Auch für ein Praktikum müssen Sie sich in der Regel sehr sorgfältig schriftlich bewerben.

Gestalten Sie Ihr Praktikum

Schon lange bevor Sie ein Praktikum antreten, können Sie dafür sorgen, dass dieser Schritt Sie beruflich nach vorne bringt. Mit den Bescheinigungen von erfolgreich absolvierten Praktika stellen Sie Ihre Praxistauglichkeit unter Beweis. Aber übertreiben Sie es nicht: Wenn in Ihrem Lebenslauf zu viele solcher Praxisnachweise auftauchen, schadet das sogar Ihrem Marktwert.

Sie sollten sich frühzeitig um einen Praktikumsplatz kümmern. Denn unter Umständen, z. B. wenn Sie sich bei größeren Unternehmen bewerben, kommen Sie zunächst auf eine Warteliste. Es kann durchaus zehn Monate dauern, bis Ihr Praktikum beginnt.

Wir haben hier ein paar Internetadressen aufgelistet, bei denen Sie sich gezielt nach Praktikumsplätzen umschauen können. Es gibt weit über 100 gute, Sie werden im Internet schnell überschwemmt:

- **www.bonding.de/jobs**
  Praktikumsplätze in Deutschland mit Stellenbeschreibung
  und Kontaktadresse

- **www.karriere.de**
  Praktikumsplätze in Deutschland und weltweit mit Beschreibung des Unternehmens, Stellenbeschreibung und Kontaktadresse

- **karriere.unicum.de/praktikum**
  Eine bunte Palette an Praktika bietet diese Seite an. Eigene Praktikumsgesuche sind aber leider nicht möglich.

- **www.karriere.de/praktikum**
  Die Praktikumsbörse der Zeitschriften Handelsblatt und Wirtschaftswoche bietet Praktika aus fast allen Branchen – auch im Ausland. Eine eigene Anzeige ist allerdings nicht möglich.

- **www.jobware.de/praktikum**
  Praktika, Diplomarbeitsthemen, Werkstudenten-, Ferien- und Aushilfsjobs sind hier zu finden. Eigene Anzeigen von Bewerbern sind nicht möglich.

- **www.absolventa.de**

- **www.berufsstart.de**

- **www.jobmensa.de**

- **www.kimeta.de**

Mit einem Praktikum im **Ausland** schlagen Sie zwei Fliegen mit einer Klappe. Auch ein Praktikum in **kleineren Unternehmen** hat Vorteile. So sind die Strukturen übersichtlicher als in Großkonzernen, meist ist die Betreuung persönlicher und es gibt mehr **Gestaltungsmöglichkeiten**. Dadurch ist der **Lerneffekt größer**. Außerdem stellen diese Unternehmen nur dann Praktikanten ein, wenn sie wirklich Bedarf haben.

Ferner sollten Sie sich ganz gezielt um ein Praktikum kümmern, das zu Ihrem angestrebten Job passt. Verschwenden Sie keine Zeit mit dem Anhäufen von Praktika in Bereichen, in denen Sie später nicht arbeiten wollen. **Von Bedeutung ist auch die Dauer:** Ein Praktikum von mehr als sechs Monaten ist definitiv zu lang, eines von zwei bis drei Wochen entschieden zu kurz – Sie werden dadurch quasi entwertet.

Der Praktikumsplatz sollte im Idealfall wie eine feste Anstellung betrachtet werden. Das heißt, dass Sie als Praktikant weder über- noch unterfordert werden. Sie erhalten **Einblicke in den Alltag Ihrer zukünftigen Branche**. Für Sie selbst bedeutet das: **Fragen stellen, Feedback einholen und Notizen machen**; sowohl beim Small Talk im Flur als auch bei Teamsitzungen und Konferenzen wird Wissenswertes ausgetauscht. Für ein erfolgreiches und befriedigendes Praktikum sind verschiedene Faktoren ausschlaggebend:

- Herausforderung durch neue Aufgaben und Verantwortungen
- Möglichkeit zum Sammeln und Vertiefen von Erfahrungen

Übernehmen Sie Verantwortung

Zeigen Sie Initiative. Bemühen Sie sich während Ihres Praktikums um Aufgaben und Projekte, bei denen Sie **eigenverantwortlich handeln** müssen. Dadurch lernen Sie am meisten, und Sie können in einem späteren Bewerbungsgespräch selbstbewusster auftreten: Wenn Sie von Ihren Erfahrungen und Projekten erzählen müssen, haben Sie etwas vorzuweisen.

Arbeiten ist die eine Sache – schuften die andere. Lassen Sie sich während des Praktikums **nicht zu viel Arbeit aufbürden**. Sie sollten auch noch Zeit haben, um Bewerbungen zu schreiben. Und wenn Sie merken, dass dieser Praktikumsplatz ganz und gar nicht Ihr Fall ist, seien Sie mutig und brechen Sie lieber ab. Sie haben keine Zeit zu verschenken!

Zum Ende des Praktikums sollten Sie mit der **Nachbereitung** beginnen. Holen Sie sich von Ihren Kollegen ein **abschließendes Feedback zu Ihren Leistungen** ein. Lob und Kritik bringen Sie beim nächsten Praktikum oder bei der ersten Festanstellung weiter. Erkundigen Sie sich schon im Vorstellungsgespräch nach Ihren Chancen auf Übernahme in eine Festanstellung.

Lassen Sie sich in jedem Fall ein qualifiziertes Zeugnis ausstellen – das beste Praktikum ist nur die Hälfte wert, wenn Sie Ihre Leistungen nicht schwarz auf weiß dokumentieren können.

Perspektiven

Durch Ihr Praktikum haben Sie erste wertvolle Erfahrungen gesammelt – und Sie kennen sich in der Firma aus. Damit könnten Sie als möglicher Mitarbeiter der Firma interessant sein, denn Sie wissen, wie der Laden läuft. Zeigen Sie Ihr Interesse, halten Sie Augen und Ohren offen – oder fragen Sie einfach nach:

- Bestehen Möglichkeiten für weitere Ausbildungen (Trainee-Programm oder Volontariat)?
- Gibt es Chancen für freie Mitarbeiter, sogenannte Freelancer?
- Ist ein späterer Einstieg als Festangestellter abzusehen?

Viele der hier genannten Punkte treffen auch auf die folgenden Einstiegswege zu. Neben den Kenntnissen, die Sie sich aneignen, geht es immer darum, sich zu zeigen und zu bewähren.

Trainee-Programm

Ein Trainee-Programm wird vor allem Jungakademikern aus den Bereichen BWL, VWL, Jura usw. angeboten, die den Berufseinstieg in der freien Wirtschaft suchen: etwa bei **Banken, Versicherungen oder im Handel**.

Die Ausbildungsprogramme dauern zwischen **6 und 24 Monate**. In dieser Zeit durchläuft man **verschiedene Abteilungen** des Unternehmens und lernt dort Mitarbeiter, Arbeitsaufgaben und -abläufe kennen. Nach einer Einführungsphase bekommt man zunächst überschaubare, später eventuell größere Aufgaben zugewiesen, die es zu bearbeiten und zu lösen gilt. Das Ganze wird bisweilen durch eine Art »gehobenen Berufsschulunterricht« abgerundet. Ein Trainee soll so auf eine **spätere Tätigkeit im Management vorbereitet** werden.

Eine ähnliche Einarbeitungsmethode nennt sich **Jobrotation:** Nach einem speziellen, innerbetrieblich festgelegten Ausbildungsplan sollen akademische Nachwuchskräfte mit zukünftigen Führungsaufgaben vertraut gemacht werden.

Die Verdienstaussichten liegen etwa zwischen 1000 und 4000 Euro brutto im Monat. Im Schnitt verdienen Trainees ca. 3000 Euro brutto, dies hängt maßgeblich von der Branche des Arbeitgebers ab. Hierbei verdienen Trainees in Banken, in der Chemie- und Pharmaindustrie sowie in der Stahl- und Automobilindustrie besonders gut.

Direkteinstieg

Es gibt auch den Direkteinstieg, d.h. die Möglichkeit für Jungakademiker, unmittelbar in verantwortungsvolle Fachpositionen einzusteigen. Meist verbirgt sich dahinter ein **gezieltes Training on the Job**. Im Gegensatz zum klassischen Trainee-Programm lernen Sie **nur einen Funktionsbereich oder eine Abteilung** des Unternehmens **intensiv kennen**, die Sie in relativ kurzer Zeit beherrschen sollen. Schnell kann sich hier der junge Manager der Verantwortung stellen und zeigen, was er wirklich draufhat.

Dabei kommt es vor allem auf fixe Auffassungsgabe, Lernfähigkeit und ausgezeichnetes Kommunikationsvermögen an. Dazu brauchen Sie die Fähigkeit, sich spezielles Know-how selbst zu erarbeiten und erfolgreich umzusetzen. Haben Sie während des Studiums Praxiserfahrung gesammelt, ist dies ein Vorteil, weil Sie wissen, wie Dinge in einem Unternehmen entschieden werden. Kontaktfähigkeit ist wie so oft das A und O.

Vielleicht fangen Sie aber auch als **Assistent der Geschäftsführung** an und arbeiten sich von einer sogenannten Stabs- in eine Linienposition vor. Von den heutigen Topmanagern hat etwa jeder Dritte seine Laufbahn als Assistent des Chefs begonnen. Diese Form der Ausbildung wird deshalb häufig als die konservativ-klassische bezeichnet, beinhaltet aber auch die Gefahr, die ewige Assistentenrolle zu besetzen. Bevorzugt werden Akademiker mit juristischem oder wirtschaftswissenschaftlichem Hintergrund für diese Positionen ausgewählt.

Volontariat, Hospitation und Co.

Ein Volontariat ist eine vor allem in der **Medienbranche** übliche Form des Berufseinstiegs. Im Gegensatz zum Trainee-Programm kommt man meist in einer bestimmten Abteilung zum Einsatz (z. B. Redaktion, Lektorat, Presseabteilung). Die Dauer variiert **zwischen sechs Monaten und zwei Jahren**. Auch das Gehalt als Volontär kann ganz unterschiedlich sein: bei großen Medienkonzernen oder tariflich gebundenen Arbeitgebern bis zu 2 500 Euro pro Monat, bei kleineren Häusern aber bedeutend weniger.

Andere Einstiegsformen

Nun gibt es diese speziellen Einstiegsformen nicht für alle akademischen Berufe. Berücksichtigen Sie auch Möglichkeiten wie **ehrenamtliches Engagement** oder auch **Arbeitsbeschaffungsmaßnahmen**. Sie alle geben Ihnen die Chance, Berufspraxis zu erwerben und Ihre Fähigkeiten unter Beweis zu stellen. Mit den Kontakten zu potenziellen Arbeitgebern verbindet sich nicht selten die Hoffnung auf einen späteren adäquat bezahlten Arbeitsplatz, häufig zu Recht, bisweilen leider illusionär.

So arbeiten oftmals junge Soziologen unterbezahlt, aber willig an einem Forschungsprojekt mit, und arbeitslose Pädagogen versuchen, über eine bescheiden bezahlte Dozententätigkeit an der Volkshochschule einen Praxisnachweis zu erbringen.

Wir verzichten hier auf weitere Beispiele, denn es geht uns um das grundsätzliche Prinzip, sich unter allen Umständen aktiv um einen Einstieg in das Berufsleben zu bemühen. Vorübergehend unter schwierigen, bisweilen ausbeuterischen Bedingungen zu arbeiten ist dann sinnvoll, wenn es Ihre Chance verbessert, mit etwas mehr an Berufspraxis in absehbarer Zeit einen angemessenen Arbeitsplatz zu bekommen. Wenn es nicht sofort mit dem Traumjob oder mit dem Einstieg über ein Praktikum oder Trainee-Programm klappt, gibt es natürlich auch Möglichkeiten, Zeit zu überbrücken, z. B. mit Projektarbeit, einem Auslandsaufenthalt oder einem Sprachkurs.

Theorie & Praxis

- **Das Verstehen der Spielregeln macht Ihnen das Bewerben leichter.**
  Was erwarten Unternehmen (große wie kleine) von ihren Bewerbern? Was zeichnet einen erfolgreichen Bewerber aus? Was sollten Sie ausstrahlen und an Kompetenz, Leistungsmotivation und Persönlichkeit (KLP) vermitteln, um positiv wahrgenommen zu werden?

- **Zeigen Sie, dass Sie wirklich wollen – Ihre Motivation**
  Wofür brennen Sie? Sind Sie motiviert, Außerordentliches zur Verwirklichung von Unternehmenszielen zu leisten? Und wie können Sie diese Begeisterung für ein Thema, eine Aufgabe, ein Ziel Ihrem Gegenüber vermitteln?

- **Präsentieren Sie sich als Problemlöser**
  Welche Aufgaben reizen Sie besonders? Sind Sie der technische Tüftler oder können Sie gut überzeugen und verkaufen? Packen Sie tatkräftig an und zu oder liegen Ihre Stärken in einem ganz anderen Bereich?

- **Denken Sie in Lösungen**
  Sehen Sie schwierige Aufgaben als Herausforderung? Geben Sie auch dann nicht auf, wenn Hindernisse im Weg stehen? Konzentrieren Sie sich auf das Ergebnis? Wunderbar! Wie können Sie zeigen, dass Sie Lösungen im Sinne des Arbeitgebers erzielen?

- **Vermitteln Sie Ihre Kommunikationsfähigkeit**
  Kommen Sie mit Ihren Mitmenschen leicht in Kontakt? Drücken Sie sich verständlich aus? Bringen Sie Dinge auf den Punkt? Und können Sie gut zuhören? All dies macht Sie zu einem geschätzten Gesprächspartner im Arbeitsleben.

- **Agieren Sie mit Sozialkompetenz**
  Wie gehen Sie mit Ihren Mitmenschen um? Kommen Sie mit
  den meisten gut klar? Welche Rolle haben Sie in einer Gruppe
  (z. B. Qualitätssicherer, Moderator oder Ähnliches)? Zeigen Sie
  durch Ihr persönliches Auftreten und Benehmen, dass Sie über
  soziale Kompetenzen verfügen.

- **Verdeutlichen Sie Ihre Bereitschaft, gerne Neues zu lernen**
  Vermitteln Sie, dass Sie wissen, dass gerade jetzt ein hohe
  Lern- und Anpassungsherausforderung vor Ihnen steht und
  Sie bereit sind, Ihr Wissen und Ihre Fertigkeiten permanent
  zu optimieren und zu erweitern?

- **Zeigen Sie sich konzentriert**
  Wie intensiv lassen Sie sich auf eine Aufgabe ein? Können
  Sie sich gut auf ein Ziel konzentrieren und lassen sich nicht
  ablenken? Setzen Sie die richtigen Prioritäten? Gerade angesichts
  der vielen Ablenkungsfaktoren auch in Freizeit und Beruf müssen Sie verdeutlichen, dass Sie Wichtiges von noch Wichtigerem
  unterscheiden können.

- **Handeln Sie klug durchdacht und mit Plan**
  Gehen Sie planvoll an Ihre Aufgaben heran? Denken Sie
  strategisch? Wie gut ist Ihr Zeit- und Selbstmanagement?
  Gut organisiert kommen Sie schneller weiter, sind Sie eher
  am Ziel – auch bei Ihrem potenziellen Arbeitgeber.

- **Ihre Frustrationstoleranz und Ihr Durchhaltevermögen –
  zeigen Sie, dass Sie mit Kritik umgehen können**
  Wie gut können Sie mit Kritik fertig werden? Bewahren Sie einen
  kühlen Kopf? Bleiben Sie sachlich, ruhig und gelassen? Wenn Sie
  konstruktiv mit Kontrahenten und Problemen umgehen, sind Sie
  in jedem Fall auf der Gewinnerseite. Und: Stehen Sie wieder auf,
  wenn Sie hingefallen sind. Im Arbeitsalltag gibt es oft Widrigkei-
  ten – und je mehr Sie dranbleiben, desto mehr werden Sie überzeugen.

$\longrightarrow$

- **Das Wichtigste zuletzt: Sympathie, Vertrauen und Zutrauen**
  Wenn Sie mit Ihrem potenziellen Vorgesetzten, mit dem Personal-
  entscheider auf einer Wellenlänge liegen, ist bereits viel geschafft.
  Fragen Sie sich also: Wie gelingt es Ihnen als Bewerber, bei Ihrem
  Gegenüber Sympathie zu wecken? Passen Sie mit Ihrer Persönlich-
  keit ins Team, zum Unternehmen? Stimmt die »Chemie« zwischen
  Ihnen und Ihrem künftigem Chef? Darüber hinaus: Kann man Ih-
  nen vertrauen und damit etwas zutrauen?

  Machen Sie sich die **Spielregeln** bewusst – was wünscht sich ein
  potenzieller Arbeitgeber, was soll ein Bewerber mitbringen und
  leisten? Berichten Sie entsprechende **Geschichten aus Ihrem
  Leben**, damit Ihr Gegenüber erkennt: Sie verfügen über die **wichtigsten Schlüsselmerkmale, die im Job gebraucht werden.** So
  wird die Entscheidung zu Ihren Gunsten schneller fallen.

RECHERCHE &
KONTAKTAUFNAHME

Den richtigen Zugang
zu Menschen und Märkten finden

Nie zuvor war der Zugang zu Informationen so leicht und umfassend möglich wie heute. Die bekanntesten Methoden und Quellen für die Recherche potenzieller Arbeitgeber und die Kontaktaufnahme mit ihnen sind:

1. Arbeitsmärkte und Jobbörsen im Internet
2. Klassische Stellenanzeigen (in Print- oder Online-Medien)
3. Die Initiativbewerbung
4. Eigene Stellengesuche mit Profil
5. Besuch von Karrieremessen und Recruiting-Events
6. Kontaktaufnahme per Telefon
7. Persönliche Empfehlung und Networking
8. Business-Plattformen: LinkedIin & Co.
9. Networking im Internet
10. Termin bei der Bundesagentur für Arbeit
11. Unterstützung durch Karriereberater

Vorab: Analysieren Sie die aktuellen Arbeitgeberbedürfnisse an Hochschulabsolventen in Relation zu Ihrem Angebot an Qualifikation und Kompetenz. Überlegen Sie zuerst, was gerade Sie für ein Unternehmen tun können. Recherchieren Sie ferner, wie der Arbeitsmarkt auf Ihrem speziellen Fachgebiet aussieht. Die Basis dafür kennen Sie bereits – es sind Ihre Überlegungen und Antworten zu dem Fragenkomplex: **Wer bin ich, was kann ich, was will ich, was ist möglich?**

Setzen Sie für Ihre Informationssammlung Kontakte ein zu Firmen, Personalabteilungen, Interessenvertretungen, Bewerbungs- und Personalberatungsunternehmen bis hin zu Sondierungsgesprächen bei den entsprechenden Fachvermittlungsstellen der Bundesagentur für Arbeit.

Privatpersonen können Ihnen ebenfalls wertvolle Informationen für Ihr Bewerbungsvorhaben liefern, z. B. **Insider**, die bereits in dem angestrebten Beruf, in der Branche oder in der Position selbst tätig sind. Dabei spielt es keine Rolle, ob Ihre Informanten erfolgreich oder unzufrieden sind – Sie werden in beiden Fällen nützliche Anhaltspunkte erhalten und Ihre Schlüsse ziehen. Ihre Gesprächspartner können Ihnen den Kontakt zu Unternehmen ermöglichen. Dabei sind auch Hinweise auf spezielle Stellenangebote und -gesuche in Fachzeitschriften, in Tages- und Wochenzeitungen sowie im Internet nützlich.

Insbesondere **Spezial-Nachschlagewerke**, die es für alle Branchen, Bereiche und den Öffentlichen Dienst gibt, dienen Ihnen als Wegweiser und Kontaktbereiter (z. B. Unternehmensverzeichnisse in Bibliotheken oder Datenbanken wie www.bisnode.de). Eine weitere gute Möglichkeit, Kontakt aufzunehmen, sind von Arbeitgebern veranstaltete **Messen** und **Tagungen**.

Nutzen Sie die Informationen gezielt für **Anknüpfungspunkte in der Bewerbung:** Wenn Sie wissen, dass Ihr potenzieller Arbeitgeber große Projekte mit französischen Firmen abwickelt, stellen Sie Ihr fließendes Französisch in den Vordergrund. Wenn ein Betrieb gerade neue Modelle der Gruppenarbeit in der Fertigung einführt, erwähnen Sie Ihre Projektarbeit zu diesem Thema.

Deutlich über 3/4 aller Arbeitsuchenden nutzen das Internet für den Bewerbungsprozess. Bei Hochschulabsolventen dürften es sicher 99,9 Prozent sein. Durch die Eingabe von Suchbegriffen können Sie dabei Ihre Recherche gezielt selektieren, nach Anzeigen suchen oder direkt per E-Mail schnell, unkompliziert und nahezu kostenfrei mit Ihrem potenziellen zukünftigen Arbeitgeber in Kontakt treten. Auf diese Weise sind Sie in der Lage, mehr Information über die ausgeschriebene Stelle zu erfragen oder sich direkt zu bewerben.

Insbesondere auf der **Unternehmens-Website** finden Sie wertvolles Material, das Sie für Ihr Bewerbungsvorhaben nutzen können. Wie stellt sich das Unternehmen selbst dar, wie spricht es seine Kunden an, was wird über die Unternehmensgeschichte erzählt? Auch Pressemitteilungen oder allgemeine Meldungen sind interessant – die verschiedenen Suchmaschinen wie Google, Yahoo und Co. liefern unzählige Informationsmöglichkeiten.

Ob mittels **Networking** oder durch ein **Stellengesuch**: Sie brauchen neben der Analyse Ihrer Fähigkeiten und Möglichkeiten, neben der Beschäftigung mit den Dingen, die wirklich zählen, eine gute Strategie. Recherchieren Sie und sammeln so viele Informationen wie möglich über potenzielle Arbeitgeber. Nutzen Sie Netzwerke und versuchen Sie sich in die Lage des Personalauswählers zu versetzen und zu fragen: Welche Bedürfnisse hat dieser und wie kann ich meine Fähigkeiten für ihn und das Unternehmen sinnvoll einsetzen? All das sind Überlegungen und daraus abgeleitete Vorgehensweisen, die Sie Ihrem Ziel näherbringen. Ohne **Analyse** und **Planung** wird Ihr Bewerbungsvorhaben schwieriger sein und länger dauern.

1. Arbeitsmärkte und Jobbörsen im Internet

Das Internet bietet heutzutage bezogen auf die Arbeitswelt eine Vielzahl an Möglichkeiten, seine Arbeitsaufgaben, den Auftraggeber (Unternehmen, Firmen etc.) und die passende Umgebung inklusive aller Bedingungen zu recherchieren, zu finden und zu kontaktieren. Egal ob mithilfe von allgemeinen Jobportalen, Internetseiten mit branchenspezifischer Ausrichtung, Unternehmensseiten oder aber auch über die sozialen Medien. Allgemeine Stellenangebote finden Sie insbesondere über die einschlägigen, breit aufgestellten Jobsuchseiten.

Unter zahlreichen verschiedenen Internetadressen veröffentlichen kommerzielle Anbieter **Stellenangebote**. Meist zahlen die Arbeitgeber einen gewissen Betrag, um ihr Angebot zu präsentieren; für Bewerber ist es in der Regel kostenlos. Ihre Jobsuche können Sie durch **Eingabe von Fachgebieten** (z. B. »Marketing«) und der **Region** (z. B. »Hamburg«) auf die für Sie passenden Angebote einschränken; auch hier gelangen Sie oft über Links direkt auf die Seiten der jeweiligen Firmen.

Viele Jobbörsen bieten den Bewerbern an, ihre Lebensläufe zu präsentieren – oft gegen eine kleine Gebühr. So können Arbeitgeber in Ruhe die Profile der Bewerber studieren. Es gibt mittlerweile eine Reihe von auf die Arbeitsplatzsuche spezialisierten Suchmaschinen, allgemeinen Jobbörsen, speziellen Katalogen für Hochschulabsolventen (in denen Sie Ihre kompletten Bewerbungsunterlagen zum Zugriff durch die Unternehmen speichern können) und unterschiedlichen Jobbörsen für spezielle Berufe.

 Unter **www.karriere.de** (Handelsblatt) finden Sie einen besonderen Such-Service: Hier werden für Sie die wichtigsten Stellenbörsen und Zeitungsanzeigen mit einem Klick durchforstet. Sie geben Ihren Suchbegriff ein oder markieren die Berufsfelder, die für Sie infrage kommen, und es werden über 10 000 Stellenanzeigen systematisch durchsucht und nach Jobbörsen geordnet übersichtlich angezeigt. Die Anzeigen bleiben üblicherweise vier Wochen im Netz. Trotzdem sollten Sie auch hier auf die Aktualität achten.

Meist wird bei einer digitalen Anzeige erwartet, dass Sie auch digital antworten: über vorgegebene **Online-Bewerbungsformulare** auf der Unternehmens-Website, per **E-Mail-Bewerbung** oder mit Hinweis auf die eigene **Bewerbungs-Homepage** in der klassischen papierenen Bewerbung.

Web-Adressen

Einige der wichtigsten Adressen für die (inter-)nationale Stellensuche:
- *www.arbeitsagentur.de*
- *www.monster.de*
- *www.karriere.de*
- *www.jobpilot.de*
- *www.stepstone.de*
- *www.stellenmarkt.de*
- *www.jobs.de*
- *www.careertrotter.de* (für die Stellensuche im Ausland)
- *www.jobs.zeit.de* (umfangreiche und übersichtliche Liste nationaler und internationaler Stellenanzeigen der *Zeit*)

Neben den klassischen Onlinebörsen sind aber auch die großen **Metasuchmaschinen** sehr hilfreich. Sie durchsuchen für Sie Jobbörsen, Internetseiten von Unternehmen und Verbänden sowie Printmedien, was den Vorteil hat, dass die Trefferquote höher ausfällt.

Wer bereits seine potenziellen »Traumarbeitgeber« im Blick hat, hat es noch einfacher: Fast jedes Unternehmen zeigt auf seiner Website eine Seite mit Stellenangeboten. Es gibt Firmen, die freie Stellen sogar nur noch auf ihrer Homepage ausschreiben. Auf diesen Seiten gilt es regelmäßig vorbeizuschauen. Um lange, chaotische Favoritenlisten in diesem Zusammenhang zu vermeiden, ist es eine Vereinfachung, hierfür mit einem sog. Bookmarking-Dienst zu arbeiten. So wird die Linkliste effizienter verwaltet und es kann von unterschiedlichen Endgeräten auf die Liste zugegriffen werden.

Stellenangebote auf den Websites von Zeitungen

Auch auf den Webseiten der Zeitungen (beispielsweise www.fazjob.net, www.stellenmarkt.sueddeutsche.de, www.handelsblatt.de, www.jobs. zeit.de) finden Sie Stellenangebote. Viele dieser Seiten verlinken direkt auf die Seiten der inserierenden Firmen.

Auch **Fachzeitungen und -zeitschriften** bieten Stelleninserate im Netz an. Wenn Sie genau wissen, welchen Bereich Sie anstreben, suchen Sie unbedingt in speziellen Fachpublikationen.

Spezialisierte Stellenbörsen gibt es für fast jede Branche, wie z. B. für Umwelt, IT, das Gesundheitswesen, den Rechtsbereich oder auch den Öffentlichen Dienst. Andere Jobbörsen wiederum bieten gezielt Stellen aus der Start-up-Szene an oder haben eine andere Thematik zum Schwerpunkt ihrer Jobangebote gemacht (z. B. Teilzeit, Homeoffice, Auslandsaufenthalt, Spezial-Themen). Immer mehr im Kommen sind die sog. **»Social Jobs«**. Es gibt inzwischen diverse Plattformen, die sich nur auf soziale und nachhaltige Berufe spezialisiert haben.

Für Sie als Bewerber ist die Suche auf den Internetseiten der Zeitungen vor allem dann von Vorteil, wenn Sie sich in internationalen Publikationen oder mehreren Zeitungen und Fachzeitschriften gleichzeitig umsehen wollen. Achten Sie jedoch darauf, wie aktuell die Anzeigen sind! Obwohl das Internet in der Theorie ein hochaktuelles Medium ist, sind die digitalen Anzeigen der Printmedien nicht immer up to date.

Generell für den Umgang mit Anzeigen, ob digital oder Print, gilt:

Bei der Lektüre einer Anzeige fragen Sie sich immer als Erstes: Kommt dieses Angebot für mich infrage? Davon können Sie ausgehen, wenn Sie die gestellten Anforderungen zu etwa 60 Prozent erfüllen und zugleich Ihre eigenen Anforderungen und Erwartungen an einen Arbeitsplatz (zu wenigstens 50 Prozent) erfüllt werden. Weitere nützliche Hinweise auch im nächsten Punkt, wenn es um die klassischen Printanzeigen geht!

Die 10 wichtigsten Auswahlkriterien bei Stellenangeboten

Die folgenden Aspekte sind entscheidend für die Zufriedenheit im Berufsleben. Bewerten Sie diese Faktoren für sich persönlich. Vergeben Sie Punkte von 10 für absolut zutreffend bis 1 für trifft überhaupt nicht zu.

1 Entscheidungsfreiheit, Selbstverantwortung

Sie wollen selbst entscheiden, wie Aufgaben gelöst werden, wer sie ausführt und wann sie abgeschlossen sein müssen. Von anderen lassen Sie sich dabei nur ungern Vorschriften machen.

Tipp: Klappt am besten in zukünftigen Führungspositionen oder in sehr stark spezialisierten Bereichen, wie z. B. Rechnungswesen, Controlling, IT.

2 Stressarmut, Routine

Sie möchten weniger Leistungsdruck und bevorzugen Aufgaben, die sich einfach bzw. nach bewährten Mustern bewältigen lassen.

Tipp: Eher Jobs mit Verwaltungsaufgaben den Vorzug geben.

3 Abwechslung, Kreativität, Herausforderungen

Sie blühen erst richtig auf, wenn Sie an vielen verschiedenen Dingen gleichzeitig arbeiten können. Sie möchten neue Ideen verwirklichen und Ungewöhnliches ausprobieren. Es reizt Sie, ständig mit neuen Problemen konfrontiert zu werden und immer wieder an eigene Grenzen zu stoßen.

Tipp: Findet man eher bei noch sehr jungen Unternehmen, z. B. auch bei Werbeagenturen oder anderen Dienstleistungsanbietern.

4 Freie Zeiteinteilung

Sie haben Ihren eigenen Rhythmus und wollen selbst entscheiden, zu welcher Zeit Sie Aufgaben erledigen. Starre Arbeitszeiten sind Ihnen ein Gräuel.

Tipp: Stellen mit Gleitzeit. Institutionen wie Krankenhäuser, Ämter oder Banken sind nicht die richtige Adresse, im Dienstleistungsgewerbe, bei kleineren Unternehmen oder im Vertrieb werden Sie eher fündig.

5 Ortswechsel, viel unterwegs, Reisen und Auslandseinsätze – nein, danke

Ihr neuer Arbeitgeber soll seinen Standort unbedingt in Ihrer Lieblingsstadt haben oder nahe bei Ihrem Wohnort. Sie möchten auf keinen Fall umziehen und wünschen sich eine Tätigkeit, bei der Sie nicht öfter unterwegs sein werden oder sogar Auslandsaufenthalte in Kauf nehmen müssen.

Tipp: Verschwenden Sie keine Zeit bei der deutschlandweiten Suche und lassen Sie auch Stellen mit wechselnden Einsatzorten außer Acht.

6 Freundschaftlich-familiäres Arbeitsklima, Teamgeist

Sie legen großen Wert auf ein gutes Verhältnis zu Ihren Kollegen und möchten gelegentlich auch privat etwas mit ihnen unternehmen. Sie sind überzeugt, dass man nur durch Gruppenarbeit zu den besten Ergebnissen kommt. Alleine arbeiten ist nicht Ihre Sache.

Tipp: Schauen Sie sich die Internetseite des Unternehmens an. In der Regel gibt sie einen guten Überblick über Unternehmensstruktur und -kultur und lässt ahnen, welcher »Wind weht«.

7 Personalverantwortung, Risikobereitschaft

Sie übernehmen gerne Verantwortung, auch für Leistungen anderer. Sicherheitsdenken ist Ihnen eher fremd. Sie können mit Risiken und Unsicherheiten umgehen.

Tipp: Jobs mit klaren Aufstiegschancen in Führungspositionen.

8 Ansehen in der Öffentlichkeit

Sie möchten vor allem eine Position, in der die anderen Sie respektieren und bewundern. Ansehen und Anerkennung sind Ihnen sehr wichtig.

Tipp: Einstieg in Ihrem akademischen Fachgebiet anstreben, möglichst bei besonders angesehenen, bekannten Unternehmen/Institutionen.

9 Kontakte zu anderen Menschen

Sie finden es wesentlich spannender, mit Menschen umzugehen, als den ganzen Tag am Computer zu sitzen. Sie wollen mit und für Menschen arbeiten.

Tipp: Vermeiden Sie Einzelgängerposten und halten Sie Ausschau nach Stellen mit Teamarbeit und Kundenkontakt.

10 Gehalt, Aufstiegschancen

Sie wollen sehr viel Geld verdienen, um sich einen gehobenen Lebensstandard leisten zu können.

Tipp: Suchen Sie Jobs mit klaren Aufstiegschancen, bei denen der Arbeitgeber Sie weiter qualifiziert. Mit den zusätzlichen Qualifikationen entwickelt sich auch Ihr Gehalt!

Mit Ihrem individuellen Anforderungsprofil können Sie jetzt besser entscheiden, ob Sie Ihren Traumjob gefunden haben oder (noch) nicht.

2. Klassische Stellenanzeigen (in Print- oder Online-Medien)

Es gibt sie noch immer und man sollte sie auch in Betracht ziehen: die klassischen Anzeigen! Gleichwohl: Die neue digitale Form hat diese bereits überholt. Trotzdem: Sie lernen aber auch an diesem Medium viel für digitale Anzeigen.

Bringen Sie zunächst in Erfahrung, in welchen regionalen oder überregionalen Tages- und Wochenzeitungen sowie Fachzeitschriften oder Spezialtiteln, die sich an Sie als Hochschulabsolventen richten, interessante Stellenangebote für Ihr Fachgebiet zu finden sind. Hauptquellen sind die **Wochenendausgaben der großen überregionalen Tageszeitungen** Frankfurter Allgemeine Zeitung, Süddeutsche Zeitung, Die Welt, Der Tagesspiegel, Frankfurter Rundschau sowie Handelsblatt, Die Zeit und dergleichen.

Generell gibt es zwei Sorten von Anzeigen: Jemand sucht einen neuen Mitarbeiter (Stellenangebot) oder – schon deutlich weniger häufig – ein potenzieller Mitarbeiter bietet seine Arbeitskraft per Inserat an.

Bei Anzeigen mit **Stellenangeboten** gibt es **drei Varianten:**

1. Anzeigen, die eine **direkte Kontaktaufnahme** mit dem Unternehmen ermöglichen;

2. Anzeigen, bei denen **kein direkter Kontakt möglich** ist, weil der Adressat der Bewerbung inkognito bleiben will und nur unter einer **Chiffrenummer** erreicht werden kann;

3. Anzeigen einer **Personalberatungsfirma**, die die Bewerberauslese im Auftrag eines Arbeitgebers wahrnimmt, der selbst zunächst nicht in Erscheinung tritt (häufig bei Führungspositionen).

Es gibt gut gegliederte und formulierte Stellenanzeigen ebenso wie unklar formulierte (der größte Teil). Bei Ihrer Auswahl sollten Sie sich Zeit lassen und die Zeitungen immer ein zweites und drittes Mal sorgfältig durchsehen.

 Mailen, schreiben oder telefonieren Sie nicht bereits am Montag, wenn Sie am Wochenende eine für Sie wichtige Anzeige entdeckt haben. Eine übereilte Reaktion könnte Ihrem Gegenüber signalisieren, dass Sie unter Druck stehen. Nehmen Sie sich Zeit, um sich vorzubereiten und Informationen über den Arbeitgeber zu recherchieren. Kontaktieren Sie die für Sie interessante Firma nicht vor Mittwoch; zunächst telefonisch, dann schriftlich.

Stellenanzeigen – egal ob digital oder print – richtig lesen

Wer träumt nicht davon? Sie haben schön ausgeschlafen, ausgiebig gefrühstückt und schauen in Ihr E-Mail-Postfach. Dort wartet eine wunderbare Überraschung auf Sie: eine Mail des Unternehmens, bei dem Sie schon immer einen Job haben wollten. Sie lesen die Bitte des Personalchefs, morgen doch einmal zum Vorstellungsgespräch vorbeizuschauen. Sie brechen in lauten Jubel aus ... und wachen auf! Denn die Realität sieht leider anders aus: Jobsuche bedeutet Arbeit! Eine **Stellenanzeige**, egal ob in einer Zeitung, Zeitschrift oder im Internet, ist für ein **Unternehmen** auch eine **Form der Selbstdarstellung.** Es wirbt um Aufmerksamkeit und um Mitarbeit.

Üblicherweise gliedert sich eine Stellenanzeige in folgende Punkte:

1. **Wer sucht?** Die Firma stellt sich selbst dar.

2. **Für welche Tätigkeit?** Die zu besetzende Stelle wird beschrieben.

3. **Mit welcher Erwartung?** Hier geht es um die Wunschqualifikation, oftmals ein bis zwei Jahre Berufserfahrung und nicht selten lange Anforderungslisten an Fachkompetenz, Leistungsmotivation und Soft Skills.

4. **Zu welchen Bedingungen?** Eventuell wird auf die Vergütung, das Einstellungsdatum, die Aufstiegschancen, Arbeitszeiten usw. hingewiesen.

5. **Art der gewünschten Kontaktaufnahme:** vollständige Bewerbungsunterlagen, E-Mail-Bewerbung etc.

Diese Gliederung wird nicht in allen Anzeigen so klar. Lassen Sie sich davon nicht irritieren: Die eine Firma bringt mehr oder weniger präzise zum Ausdruck, was für einen Bewerber sie sucht und was sie anzubieten hat, eine andere schreibt blumig und nebulös oder gar unrealistisch.

Lassen Sie sich weder von den guten noch von den schlechten Anzeigen zu sehr beeinflussen; Sie selbst können beurteilen und auswählen, was Sie interessiert. Seien Sie also weder zu optimistisch noch zu pessimistisch. Ein mangelhafter Text bedeutet nicht automatisch eine schlechte Firma oder Aufgabe. Umgekehrt ist ein guter Text keine Garantie, dass die Arbeitswirklichkeit auch so aussieht. Da verhält es sich ganz ähnlich wie auf Bewerberseite: Eine eher schwache Bewerbung stammt nicht immer von einem untalentierten Kandidaten.

Es kann sein, dass Ihnen auf den ersten Blick viele Stellenanzeigen attraktiv erscheinen – oder dass Ihnen die gestellten Anforderungen nahezu unerreichbar vorkommen. Gehen Sie deshalb beim **Auswählen der**

Stellenangebote, die für Sie infrage kommen, **systematisch** vor. **Nach den folgenden Fragen können Sie den Analyse- und Auswahlprozess steuern.**

1. Die Firma

- Um was für ein Unternehmen handelt es sich (Kleinbetrieb, Mittelständler, Konzern, öffentlicher Dienst)?
- Wie stellt sich das Unternehmen dar (modern, international, konservativ)?
- Was wird über die Produkte oder Dienstleistungen ausgesagt?
- Ist eine Unternehmensphilosophie erkennbar?

2. Der Job

- Können Sie mit der Aufgabenbeschreibung, dem zukünftigen Tätigkeitsfeld etwas anfangen?
- Sind die beruflichen und persönlichen Anforderungen an den Bewerber klar zu identifizieren?
- Wird zwischen den fachlichen und persönlichen Anforderungen unterschieden?

3. Die Anforderungen

- Wird nach Muss-, Soll- und Kann-Anforderungen unterschieden?
- Werden berufliche Spezialkenntnisse verlangt?
- Werden besondere Persönlichkeitsmerkmale angesprochen?
- Welche Anforderungen (fachlich wie persönlich) erfüllen Sie?
- Welche Anforderungen können Sie in naher Zukunft erfüllen?
- Welche Anforderungen erfüllen Sie nicht und warum?

4. Die Bedingungen und Leistungen

- Was wird dem zukünftigen Mitarbeiter geboten?
- Wie sind diese Kriterien geregelt: Erfahrung, Mindest- oder Höchstalter, Arbeitszeit, Mobilität, Fortbildung, Entwicklungschancen?
- Und diese: Bewerbungsfrist, Bezahlung, Eintrittstermin, Einarbeitung?

Muss- und Soll-Kriterien

Die Anforderungen lassen sich in sogenannte Muss- und Soll-Kriterien unterteilen. **Muss-Kriterien** werden im Stellenangebot so formuliert: »**Voraussetzung** ist …« oder »**Erwartet** wird …«. Hier sollte das Profil des Bewerbers nicht weit vom Geforderten abweichen (Sie sollten diese Anforderungen in absehbarer Zeit zu etwa 70 bis 80 Prozent erfüllen).

Auf **Soll-Kriterien** wird mit Formulierungen wie: »**Haben Sie außerdem** noch …« hingewiesen. Das heißt: »**Wir bevorzugen Bewerber**, die dieses Kriterium erfüllen.« Für Sie bedeutet das, Ihre Chancen steigen deutlich, wenn Sie auch diese Anforderungen erfüllen. Allerdings können Sie sich auch dann bewerben, wenn das nicht der Fall ist.

Grundsätzlich fordern die meisten Unternehmen sogenannte Hard wie auch Soft Skills. **Hard Skills** sind z. B.: spezielles Fachwissen, eine besondere Berufserfahrung, Kenntnisse in Mitarbeiterführung, Auslandserfahrung, Sprachen, IT-Kenntnisse. Zu den **Soft Skills** (soziale Kompetenzen) gehören etwa Kommunikationsfähigkeit, Motivationstalent, Organisationsgeschick, Stressresistenz, emotionale Intelligenz, diplomatisches Geschick, Überzeugungsfähigkeit.

Auch als Berufsanfänger sollten Sie sich weder blenden noch zu schnell von Anzeigenformaten und »ausführlichsten« Anforderungen entmutigen lassen. Überlegen Sie vielmehr:

- Wie wirkt die Anzeige auf Sie (Format, Gestaltung, Text)?
- Können Sie sich eine Bewerbung für diese Stelle / Position vorstellen?
- Können Sie sich (auch) eine Mitarbeit in diesem Unternehmen vorstellen?
- Was könnten Sie dem Unternehmen für diese Position zusätzlich sowohl in fachlicher als auch in persönlicher Hinsicht anbieten?
- Was wissen Sie bereits über das Unternehmen und wo können Sie noch mehr in Erfahrung bringen?
- Sind in der Anzeige Ansprechpartner, Adresse, Telefon, Homepage benannt?
- Verspüren Sie Lust und hat es Sinn, sich mit der Anzeige und weiteren Recherchen dazu zu beschäftigen? Warum ja, warum nein?

Entscheidend für Sie als Bewerberin oder Bewerber ist die Frage:
Passe ich mit meinem Profil auf die ausgeschriebene Position und zu dem Unternehmen?

3. Die Initiativbewerbung

Blind- oder Direktbewerbung, kalte oder aktive Bewerbung – gemeint ist immer dasselbe: Sie nehmen von sich aus unaufgefordert Kontakt zu einem Unternehmen auf. **Gut formuliert** und **ansprechend präsentiert** haben Initiativbewerbungen eine **gute Chance**. Über 20 Prozent aller Bewerber ergattern auf diesem Weg einen Job. Der Vorteil liegt auf der Hand: Sie sind nicht einer von vielen Bewerbern, die **Konkurrenz ist deutlich geringer**. Wenn Sie in der Bewerbungsphase eigene Ideen verwirklichen, die über das Reagieren auf Anzeigen hinausgehen, stärkt das zudem auch Ihr Selbstbewusstsein, weil Sie aktiv sind und die Dinge selbst bestimmen. Die Herausforderung besteht darin, auf einen Blick zu vermitteln, warum gerade Sie in diesem Unternehmen, in dieser Position arbeiten wollen und was Sie Besonderes zu bieten haben. Wir vertiefen diesen Punkt ab Seite 197.

4. Eigene Stellengesuche mit Profil

Sie wollen sich auf eine ganz besondere Art und Weise aktiv anbieten? Ausgangspunkt und Basis der Gestaltung eines erfolgreichen Stellengesuches (unabhängig davon, ob es sich dabei um das Internet oder ein Printmedium handelt) sind vor allem kurze und prägnante Antworten auf die Ihnen schon bekannten Fragen: Was bin ich? Was kann ich? Was will ich? Ihr **Stellengesuch** muss generell **zwei Bedingungen** erfüllen:

1. Die Überschrift/Betreffzeile muss bereits beim Überfliegen **fesseln und neugierig machen**.
2. Der gesamte Text muss eine **hohe Zahl von relevanten Informationen transportieren** und damit den Leser für Sie einnehmen.

Dabei gilt es folgende drei Fragen zu beantworten:

1. Was ist Ihr **Kommunikationsziel?**
2. Welche **Botschaften** wollen Sie vermitteln?
3. Mit welchen **Argumenten** können Sie überzeugen?

Wenn Sie nicht darauf warten wollen, endlich das richtige Stellenangebot im Internet zu finden, können Sie auch selber aktiv werden. Schalten Sie ein **eigenes Gesuch**. Das ist in den meisten Jobbörsen möglich.

Fassen Sie beim Formulieren von Überschrift und Text Ihre Zielgruppe (Arbeitgeber, Chef, Personalabteilung) genau ins Auge. Studieren Sie dafür intensiv die Website der entsprechenden Firmen.

Nach der Überschrift sollten Sie in ein bis zwei Sätzen Ihren Berufswunsch präzisieren und mit Angaben über Ihre Qualifikationen und Talente ergänzen. Weitere Informationen (z.B. besondere Kenntnisse, Interessen, Hobbys) können Sie stichwortartig anführen – wie im Lebenslauf einer Bewerbung.

Auch wenn die Stellenbörse Ihnen viel Platz einräumt, **fassen Sie sich kurz:** Personalentscheider wollen ohne Zeitverschwendung Kandidaten für die ausgeschriebene Stelle finden. Achten Sie besonders auf grammatikalische Korrektheit. Gerade in Texten, die am Bildschirm geschrieben werden, schleichen sich oft Flüchtigkeitsfehler ein. Haben Sie eine eigene Website, können Sie im letzten Satz Ihres Gesuchs darauf verweisen. Schließlich gilt es noch zu entscheiden, ob Sie Ihren Namen, Ihre Adresse und Telefonnummer oder Ihre E-Mail-Adresse angeben. Das hat den Vorteil, dass der interessierte Arbeitgeber Sie direkt und schnell erreichen kann, andererseits ist damit zu rechnen, dass mit Ihrer Adresse Missbrauch getrieben wird – angefangen bei lästiger Werbung bis hin zu unangenehmen anonymen Anrufen. Die meisten Jobbörsen bieten ein für Sie kostenloses Chiffrieren Ihres Namens an – interessierte Arbeitgeber können dann gegen Gebühr Ihren Namen erfragen.

Sobald Sie Ihr Gesuch veröffentlichen, müssen Ihre Bewerbungsunterlagen komplett zur Verfügung stehen, digital, aber auch als Printversion (Lebenslauf, Zeugniskopien etc.). Nur so können Sie auf die eingehenden Angebote schnell reagieren.

5. Besuch von Karrieremessen und Recruiting Events

Arbeitgeber aus Industrie, Handel, Banken und Versicherungen, Wirtschaftsprüfungs- und Beratungsgesellschaften rekrutieren Hochschulabsolventen und Berufseinsteiger gerne auf sogenannten **Karriere- oder Business-Kontaktmessen.** Hier stellen sich meist Großunternehmen dar und präsentieren ihr Angebot. Sie als Einsteiger erhalten so wertvolle **Einblicke in die aktuelle Arbeitsmarktsituation** und können mit Firmen in Kontakt kommen. Für Politologen, Philosophen oder Sozialpädagogen sind diese Veranstaltungen vielleicht weniger interessant – es sei denn, Sie schlagen einen eher ungewöhnlichen Weg ein.

Es gibt große überregionale Messen wie den Absolventenkongress in Köln, regionale Veranstaltungen – die z. T. von den Handelskammern organisiert werden – und kleinere, auch fachspezifische Recruiting Events an Unis und FHs. Eine aktuelle Liste zu Karrieremessen finden Sie auf einschlägigen Webportalen im Internet, z. B. *www.karriere.de*; hier eine Kurzübersicht:

- *www.absolventenkongress.de*
- *www.akademika.de*
- *www.career-summit.ch*
- *www.karrieretage.de*
- *www.connecta-regensburg.de*

Einen guten Überblick vermittelt auch www.absolventa.de/jobmessen.

6. Kontaktaufnahme per Telefon

Viele Bewerber unterschätzen die Chancen, die der gezielte Einsatz des Telefons als Bewerbungsinstrument birgt. Lediglich etwa 10 Prozent greifen während ihrer Stellensuche zum Hörer. Die schweigende Mehrheit pirscht sich schriftlich an die begehrten Arbeitsplätze heran, da sie vermutlich Angst hat, nicht die richtigen Worte zu finden.

Unsere Erfahrungen aus dem Büro für Berufsstrategie beweisen, dass dies ein strategischer Fehler ist. Durch ein gut vorbereitetes Telefonat können Sie sich bereits im Vorfeld einer Bewerbungsprozedur positiv von anderen Kandidaten abheben. Sie können Ihre Kommunikationsfähigkeit beweisen und Interesse wecken. Wenn es Ihnen dann noch gelingt, sympathisch auf den Angerufenen zu wirken, haben Sie bereits gewonnen.

Wann und wozu telefonieren?

- **Marktanalyse/Unternehmensrecherche:** Beginnen Sie in der Telefonzentrale. Lassen Sie sich ein Profil, eine Pressemappe, Broschüren oder Mitarbeiterzeitungen zusenden. Finden Sie heraus, wer der Ansprechpartner für die Bewerbung ist (Personalabteilung, Abteilungsleiter, Geschäftsführer o. Ä.).

- **Initiativbewerbung:** Fragen Sie als Erstes, ob Ihr Gesprächspartner gerade Zeit für Sie hat. Wenn nicht, schlagen Sie eine alternative Anrufzeit vor und verabreden Sie möglichst einen festen Termin. Beispiel: »Guten Tag, Herr Bringer, mein Name ist Yannik Mahl. Ich weiß, dass Ihr Unternehmen plant, die Bildschirmproduktion auszubauen. Deshalb möchte ich mich gerne als Softwareingenieur bewerben. Haben Sie fünf Minuten Zeit für mich oder passt es Ihnen besser, wenn ich Sie morgen Nachmittag, sagen wir gegen 15 Uhr, wieder anrufe?«

- **Informationen über einen konkreten Job:** Insbesondere wenn in der Stellenanzeige darauf hingewiesen wird, dass Bewerber zusätzliche Informationen telefonisch erfragen können, lohnt es sich, diese Chance zu nutzen. Bei geschicktem Einsatz kann die telefonische Nachfrage neugierig auf Ihre Person und Ihre Bewerbungsunterlagen machen. Überlegen Sie sich einige intelligente Fragen; man wird Ihren Einsatz schätzen und Ihren Namen im Hinterkopf speichern. Weiterer Pluspunkt: Der erste Satz im Anschreiben fällt leichter, im Sinne von: »Vielen Dank für das informative Telefonat vom 15. März. Das Gespräch hat mich darin bestärkt, mich bei Ihnen um die Position als ... zu bewerben ...«. Oder, falls Sie den Entscheider nicht persönlich sprechen: »Nach einem Telefonat mit Ihrer Mitarbeiterin, Frau X/Ihrem Sekretär, Herrn Y ...«. Negativ machen Sie hingegen auf sich aufmerksam, wenn Sie die Zahl der Urlaubstage erfragen oder sich dafür interessieren, ob es ein 13. und 14. Monatsgehalt gibt. Ebenso wenig sollten Sie jene Inhalte abfragen, die aus der Anzeige bereits ersichtlich sind.

Auch im weiteren Verlauf des Bewerbungsverfahrens bleibt das Telefon ein wichtiges und leider unterschätztes Kontaktmedium:

- **Aktiv nachfragen:** Sie haben etwa zwei bis drei Wochen nach Versand Ihrer Bewerbungsunterlagen noch keine Reaktion? Jetzt können Sie höflich, ohne Vorwurf, nach dem Stand der Bewerberauslese nachfragen. Das signalisiert Einsatzbereitschaft.

- **In Erinnerung bringen:** Unterstreichen Sie Ihr Interesse, indem Sie am Ball bleiben und sich alle paar Wochen wieder kurz melden. Seien Sie dabei jedoch sensibel und fallen Sie dem Angerufenen nicht auf die Nerven. Es geht darum, sich positiv in Erinnerung zu bringen und zu halten. Sie sehen: Es wird Ihnen eine Gratwanderung abverlangt.

- **Grund der Absage erfragen:** Fragen Sie freundlich nach, was Sie an Ihrer Bewerbung noch verbessern könnten. Vielleicht erfahren Sie so, warum man sich nicht für Sie entschieden hat, und können daraus ableiten, woran Sie noch arbeiten müssen.

Auch beim Telefonieren gilt: Übung macht den Meister! Melden Sie sich probeweise bei Unternehmen, an denen Sie weniger interessiert sind. Sie bekommen dadurch die nötige Telefon-Routine. Und vielleicht erwartet Sie bei solch einem lockeren Probelauf sogar eine positive Überraschung und Sie finden dort unvermutet doch Ihren Traumjob!

Wie telefonieren?

Sich unvorbereitet in eine telefonische Bewerbungssituation zu begeben ist leichtsinnig. Sie müssen vor dem Telefongespräch wissen, was Sie wollen, was das **Ziel Ihres Anrufes** ist und wie Sie Ihr Vorhaben am besten realisieren. Berücksichtigen Sie, dass Sie sich bei Ihrem Telefonanruf bereits in einer **Vorstellungs- und Prüfungssituation** befinden. Ihr Gegenüber gewinnt einen ersten Eindruck von Ihnen, macht sich ein Bild und hält dieses nicht selten schriftlich fest. Dies alles trägt dazu bei,

dass man sich Ihre Unterlagen interessierter anschaut, eventuell wohl-
wollender prüft. Entscheidend ist, ob es Ihnen gelingt, zwischen Ihnen
und Ihrem Gesprächspartner eine Brücke zu bauen und **Sympathie zu
mobilisieren.**

Wenn Sie sich bei einem Unternehmen beworben haben, sollten Sie damit
rechnen, dass der potenzielle Arbeitgeber Sie anruft. Denken Sie also daran,
sich nicht mit Ihrem Spitznamen oder Scherzen zu melden, mit denen Sie
Ihre Freunde begrüßen. Stellen Sie sicher, dass Ihre Mitbewohner informiert sind, sich adäquat melden und die Gespräche richtig dokumentieren,
wenn Sie nicht zu Hause sind. Und auch der Begrüßungstext Ihrer Mailbox
ist eine Art persönlicher Visitenkarte, die unweigerlich interpretiert wird.

Empfehlungen für professionelles Telefonieren

- Stehen Sie auf, wenn Sie telefonieren. Das gibt Ihrer Stimme Kraft
  und vermittelt einen dynamischen Eindruck.

- Zum Telefonieren müssen Sie sich zwar nicht in Ihre Gala-Garderobe
  kleiden, aber in Jogginganzug oder Bademantel, ungeduscht, unaus-
  geschlafen und zusammengesunken in einer Sofaecke werden Sie
  andere nur schwer überzeugen.

- Versuchen Sie zu lächeln. Lächeln, nicht grinsen! Sie werden sehen:
  Das wird Ihre Ausstrahlung am Telefon positiv beeinflussen. Suchen
  Sie sich für das Telefongespräch mit Ihrem möglichen Arbeitgeber
  eine ruhige Umgebung. Sorgen Sie dafür, dass Ihr Partner oder die
  Mitbewohner nicht mit Geschirr klappern, der Hund nicht bellt, die
  Katze nicht das Telefon herunterreißt und die Kinder (falls vorhan-
  den) die neueste Benjamin-Blümchen-CD nicht auf volle Lautstärke
  drehen.

- Vermeiden Sie es, umgeben von Bürolärm zu telefonieren. Das könnte den Eindruck vermitteln, Sie telefonierten auf Kosten Ihres gegenwärtigen Arbeitgebers – ein Fauxpas, den Sie nicht wiedergutmachen
  können. Falls Sie zu einem für Sie unpassenden Moment angerufen
  werden, bitten Sie den Anrufer um Verständnis und erklären Sie: »Ich
  bedaure, jetzt nicht mit Ihnen sprechen zu können. Darf ich Sie bitte
  zurückrufen?«

- Bereiten Sie sich auch inhaltlich vor: Fertigen Sie vor dem Gespräch ein Skript mit den für Sie wichtigsten Punkten an. Schreiben Sie auf, was Sie sagen wollen. Sie können dafür die AIDA-Formel (siehe Seite 125) benutzen.

- Notieren Sie sich den Namen des gewünschten Gesprächspartners und erkundigen Sie sich gegebenenfalls vorher nach der korrekten Aussprache. Sprechen Sie Ihren Gesprächspartner am anderen Ende der Leitung hin und wieder mit seinem Namen an. Egal in welcher Phase Ihrer Bewerbung Sie anrufen: Sie müssen stets den Eindruck vermitteln, dass Sie wirklich etwas zu sagen oder zu fragen haben. Viele Menschen sind unsicher, wie ihre Stimme am Telefon wirkt. Machen Sie mit einem Freund oder Bekannten ein Rollenspiel und üben Sie so den Ernstfall. Nehmen Sie sich dabei auf und überlegen Sie, wie Sie noch besser ankommen.

- Führen Sie wichtige Telefongespräche möglichst ausgeschlafen, gut gelaunt und voller Tatendrang. Nutzen Sie Ihren Biorhythmus; ein Morgenmuffel sollte eher später telefonieren als die frühe Lerche. Morgens zwischen 7 Uhr und 8.30 Uhr und am frühen Abend ab 17.30 Uhr werden Sie am ehesten den gewünschten Entscheidungsträger erreichen. Versuchen Sie es daher auch zu ungewöhnlichen Zeiten!

7. Persönliche Empfehlung und Networking

Ein Erfolg versprechender Weg, an einen neuen Arbeitsplatz zu kommen, ist »Vitamin B«, also die Beziehung zu einer maßgebenden Person in Ihrem Wunschunternehmen oder zu jemandem, der jemanden kennt, der jemanden kennt ... Eine persönliche Empfehlung ist ein guter Weg zum Job – das setzt voraus, dass Sie mit Leuten bekannt sind, die sich für Sie einsetzen und die bereit sind, Sie zu fördern.

Wenn Sie noch nicht über solche Beziehungen verfügen, dann sorgen Sie dafür, dass sie entstehen, etwa durch Verwandte, Bekannte, Freunde, Freunde der Freunde, Ex-Kollegen, Ausbilder, Vorgesetzte, Ärzte,

Steuerberater usw. Ihrer Fantasie sind keine Grenzen gesetzt. Und wenn niemand Sie empfiehlt, empfehlen Sie sich selbst. Besuchen Sie **Fachmessen, Kongresse, Tagungen oder Vorträge** und versuchen Sie, ins Gespräch zu kommen. Ihr Auftrag lautet: **Knüpfen Sie ein möglichst enges Netz aus Kontakten,** betreiben Sie Networking!

Kurzum, jetzt geht es gezielt darum: Hier ist mein Angebot – hilfst du mir, helfe ich dir, helfen wir uns und anderen … die entsprechenden Begriffe verdeutlichen schnell: Es ist nicht wirklich etwas vollkommen Neues: Hilfe, Unterstützung, Solidarität, Beziehungen sind eigentlich so alt wie die Menschheit. Und der dafür relativ neu entwickelte Begriff, Networking, trägt den Verbindungscharakter zu unserem digitalen Zeitalter deutlich im Namen.

Nach einer IBM-Studie **beruhen 60 Prozent des beruflichen Erfolgs auf »Beziehungen«.** Was können Sie dafür tun, dass Ihre Geschäfts- und Arbeitsbeziehungen bestens funktionieren? Mit dieser Frage lohnt es sich zu beschäftigen, wenn man durch sein persönliches, aber eben auch digitales Auftreten und dabei mit seiner Selbstpräsentation erfolgreich sein will, wenn man bei seinem Gegenüber etwas bewirken möchte, sich Unterstützung oder Vorteile erhofft.

Noch deutlicher gesagt: Networking bedeutet, **Aufmerksamkeit** zu bekommen, **Engagement** zu zeigen, **Verbindungen** zu schaffen, in näheren **Kontakt** und **Austausch** zu kommen und auch – je nach Nützlichkeitserwägung – zu bleiben.

Networking umfasst alles, was zum Aufbau und zur Pflege eines soliden Kontaktnetzwerks notwendig ist, um damit bestimmte berufliche Ziele leichter und schneller erreichen zu können. Dazu gehört die sorgsame Auswahl an Kontakten ebenso wie ein bestimmtes Verhalten, die Network-Etikette. Ein gut funktionierendes Netzwerk basiert grundsätzlich auf Vertrauen, Loyalität, Gegenseitigkeit, Hilfsbereitschaft, Freiwilligkeit und diplomatischer Ehrlichkeit. Vor allen Dingen braucht der Aufbau aber Zeit und Fingerspitzengefühl.

Natürlich stellt all das eine **Herausforderung dar, an Ihr Selbstvertrauen, Ihre Fähigkeit, Menschen für sich zu gewinnen, Ihre kommunikativen und selbstdarstellerischen Begabungen.** Gerade in Situationen, in denen es für Sie um neue Kontakte geht, um Menschen, die etwas für Sie tun sollen (nämlich sich für Sie entscheiden, Ihnen vertrauen, Ihre Kompetenzen (an)erkennen und schätzen), ist es besonders wichtig, dass Sie den von Ihnen gewünschten positiven Eindruck hinterlassen.

Dieser (manchmal auch erste) Eindruck wird vor allem von Ihrer **Selbstdarstellung**, von Ihrem Auftreten geprägt. Was Sie sagen, ist dabei erstaunlicherweise weniger entscheidend als das Wie. Viel wichtiger ist, so etwas wie positive Energie und Optimismus auszustrahlen.

Knüpfen Sie Ihr eigenes Kontaktnetz

Zuerst müssen Sie selbst wissen, was genau Sie suchen, damit Ihnen andere Personen helfen können. **Definieren Sie so klar wie möglich Ihr Ziel** (»Ich möchte bei der Firma XY im Controlling arbeiten«) und Ihr Profil (»erfolgreich abgeschlossenes Studium mit Schwerpunkt Controlling, erste Berufserfahrung in diesem Bereich durch dreimonatiges Praktikum, gute SAP-Kenntnisse, verhandlungssicheres Englisch, kontaktfreudig und motiviert«).

Knüpfen Sie anschließend möglichst viele Kontakte, treffen Sie sich mit unterschiedlichen Personen und suchen Sie das private Gespräch. Wenn Sie beispielsweise einen interessanten Vortrag besuchen, sind Sie am Ende der Veranstaltung unter denen, die mit dem Referenten sprechen und ihm kluge Fragen stellen – u. a. vielleicht auch, welche Berufsaussichten er für jemanden mit Ihren Kenntnissen sieht. Auf diese Weise erhalten Sie vielleicht hilfreiche Informationen. Sie können den Referenten auch fragen, ob Sie ihn für weitere Auskünfte anrufen dürfen. Fragen Sie aktiv, ob man Ihnen bei Ihrem Vorhaben hilft. Wichtig ist, dass Sie Zeit in diese Kontakte investieren und sicherstellen, dass diese nicht das Gefühl bekommen, von Ihnen nur als nützliche Ratgeber instrumentalisiert und ausgenutzt zu werden.

Erscheint Ihnen das zu berechnend? Nun – warum wollen Sie gerade an eine so wichtige Sache wie das Netz Ihrer sozialen Beziehungen spontan, ohne Planung und Absicht herangehen? Die Tatsache, dass Sie Kontakte pflegen, wird nicht dadurch moralisch fragwürdig, dass diese Ihnen nützen. Fragwürdiger ist eher, Personen um etwas zu bitten, bei denen Sie sich jahrelang nicht gemeldet haben und die den Eindruck von Ihnen bekommen, Sie seien nicht an ihnen interessiert, sondern nur an der Unterstützung. Daher: Überlegen Sie sich vorab, wie Sie sich für Hilfestellungen revanchieren und was Sie wiederum für andere Personen tun können!

Im Laufe der Zeit werden Sie so viele Informationen und Kontakte zusammentragen, dass Sie sich unmöglich alles merken können. Legen Sie sich gleich zu Beginn Ihres Networkings eine **Datei zu Ihren Kontakten** an: Schreiben Sie Namen, (E-Mail-)Adressen, Telefonnummern, Arbeitgeber und Bekannte Ihrer Kontaktpersonen auf. Sie sollten unbedingt regelmäßig durch diese Dateien gehen und sie aktualisieren.

8. Business-Plattformen: LinkedIn & Co.

In den vergangenen Jahren hat sich die Stellensuche im Internet sehr verändert. Dabei spielen die **Social-Media-Tools** bei der Suche eine zunehmend wichtige Rolle. Wer heute auf Jobsuche ist, sollte möglichst in irgendeiner Form im Internet präsent sein. Denn Personalrecruiter und nicht zuletzt Headhunter nutzen das Internet, um potenzielle Kandidaten zu identifizieren und zu kontaktieren. Hier bieten sich **Online-Profile in den einschlägigen Karrierenetzwerken** an. Dabei sollte jedoch darauf geachtet werden, passende und vor allem einfache Schlagworte in den entsprechenden Kategorien wie »Ich suche«, »Ich biete« oder »Interessen« zu verwenden.

Geschäftlich orientierte soziale Netzwerke bieten die Möglichkeit, ein **eigenes berufliches Profil im Internet** zu präsentieren und gleichzeitig mögliche **neue Arbeitgeber oder Firmenvertreter direkt anzusprechen bzw. auch von ihnen angesprochen zu werden.**

Diese können sich dann sofort ein Bild vom beruflichen Werdegang des Bewerbers machen und bei Bedarf umfangreichere Bewerbungsunterlagen anfordern.

Der Unterschied zu einer »normalen« Jobbörse wie z. B. *www.monster.de* liegt in der Sichtbarkeit der Teilnehmerprofile für alle Mitglieder – jeder kann jedes vorhandene Profil aufsuchen und bei Interesse eine Nachricht hinterlassen.

Soziale Netzwerke sind eine moderne Form der unkomplizierten Ansprache und des Austauschs von Personen. In Deutschland gibt es seit 2003 mit **XING** eine große, **offene Business-Community**, in der Vertreter aus allen denkbaren Branchen zu finden sind. Etwa zehn Millionen Menschen sind dort registriert, bei Linkedin sind es weltweit etwa 450 Millionen (Stand 2016). Ambitionierte, hochrangige Bewerber bevorzugen hingegen **exklusivere Kontaktbörsen,** für die es Zugangsbeschränkungen (Alter, Position, Gehalt, Mitgliedschaft nur auf Empfehlung etc.) gibt.

Geschäftliche soziale Netzwerke

- *www.xing.com* (offen)
- *www.linkedin.com* (offen)
- *www.viadeo.com* (offen)
- *www.manager-lounge.com* (geschlossen)

Nutzen Sie die Chance der großen, branchenübergreifenden sozialen Netzwerke und gestalten Sie Ihr Profil entsprechend Ihrer relevanten beruflichen Kompetenzen sowie Ihrer wichtigsten persönlichen Merkmale. Gehen Sie dann gezielt auf die Suche nach Ansprechpartnern und suchen Sie Kontakt und Austausch.

Ihr Einstieg in eine Business-Community

Suchen Sie sich eine Business-Community aus, die von Ihren Wunscharbeitgebern wirklich genutzt wird, und hinterlegen Sie dort Ihr Profil (siehe auch Seite 112/113). Beachten Sie, dass die **Informationen genau zu Ihrem beruflichen Hintergrund passen** und so gestaltet sein sollten, dass sie **Ihren schriftlichen Bewerbungsunterlagen entsprechen.** Dazu gehören immer ein **passendes Foto** in angemessener Kleidung sowie eine **Auflistung der relevanten ausbildungs- und beruflichen Stationen.**

Vermeiden Sie in Ihrem Profil (das ja keinesfalls ein lückenloser Lebenslauf sein soll) die Erwähnung von unvorteilhaften beruflichen Informationen, wie z.B. Studienfachwechsel oder mehrere kurzzeitige Beschäftigungsverhältnisse oder Zeiten der Arbeitslosigkeit. Überlegen Sie vorher genau, was Sie von sich erzählen und welche Freunde oder Bekannte Sie in Ihrem Kontaktnetzwerk aufführen wollen.

Nutzen Sie Ihr Profil in einer Business-Community für Bewerbungen innerhalb dieser Portale, aber auch außerhalb. **Integrieren** Sie beispielsweise den **Link zu Ihrem öffentlich einsehbaren Profil** in Ihre **E-Mail-Signatur.** Auch auf Ihrer Visitenkarte könnte ein nicht zu komplizierter Profillink stehen. Im Rahmen von Initiativbewerbungen kann beim Telefonat vorab, nach erfolgreich geweckter Neugier, der Hinweis zum aussagekräftigen Profil übermittelt werden und Ihr Gesprächspartner hat unmittelbar und direkt einen Einblick in Ihren beruflichen Werdegang, in das, was Sie ihn von sich wissen lassen wollen.

9. Networking im Internet

Business-Plattformen

Ihr Profil in einer Business-Plattform fungiert wie eine eigene, beruflich orientierte Website. Sie können sie **jederzeit um Ihre Job-Neuigkeiten erweitern oder ändern.** Von diesen Änderungen erfahren z. B. bei XING alle Ihre direkten Kontakte – ein guter Aufhänger für die **Kontaktpflege.** Grundsätzlich ist XING eine offene Plattform. Es gibt **zwei Formen der Mitgliedschaft – die kostenlose und die kostenpflichtige.** Für einen entsprechenden Mitgliedsbeitrag bekommen Sie diverse Erleichterungen bei der Kontaktaufnahme zu anderen Mitgliedern. Auch die Suche nach bestimmten Kriterien wie Branche, Stadt oder Universität ist dann in vielfältigen Details möglich. Ein weiterer Vorteil: Auf den Profilen von Premium-Mitgliedern wird keine Werbung platziert. Allen Mitgliedern steht die Teilnahme an den unzähligen **Diskussionsgruppen** offen – eine wahre Fundgrube an beruflich relevantem Wissen und fachkompetenten Ratschlägen.

Auch die Nutzung von Business-Plattformen als eine Art **virtueller Arbeitsmarkt** ist für alle Mitglieder möglich. Viele Gruppen verfügen über eine Jobbörse, in der die Gruppenmitglieder Aufträge einstellen und bekommen können – egal, ob als Angestellter oder als Freischaffender. Die Projekte-Plattform bietet ebenfalls quer durch die Branchen die vielfältigsten Angebote. Umfangreiche Suchfunktionen, beispielsweise nach Stellen, Projekten oder beruflich interessanten Mitgliedern, ermöglichen eine innovative und unkomplizierte Verfolgung Ihrer Karriereziele.

Es ist problemlos möglich, sein **XING-Profil auch Nicht-Mitgliedern zugänglich zu machen,** um dann beispielsweise von Google als XING-Mitglied gefunden zu werden. Diese Entscheidung ist im wahrsten Sinne des Wortes Einstellungssache, jedoch für die Sichtbarkeit Ihres Kompetenzprofils in den Ergebnissen von Suchmaschinen wichtig.

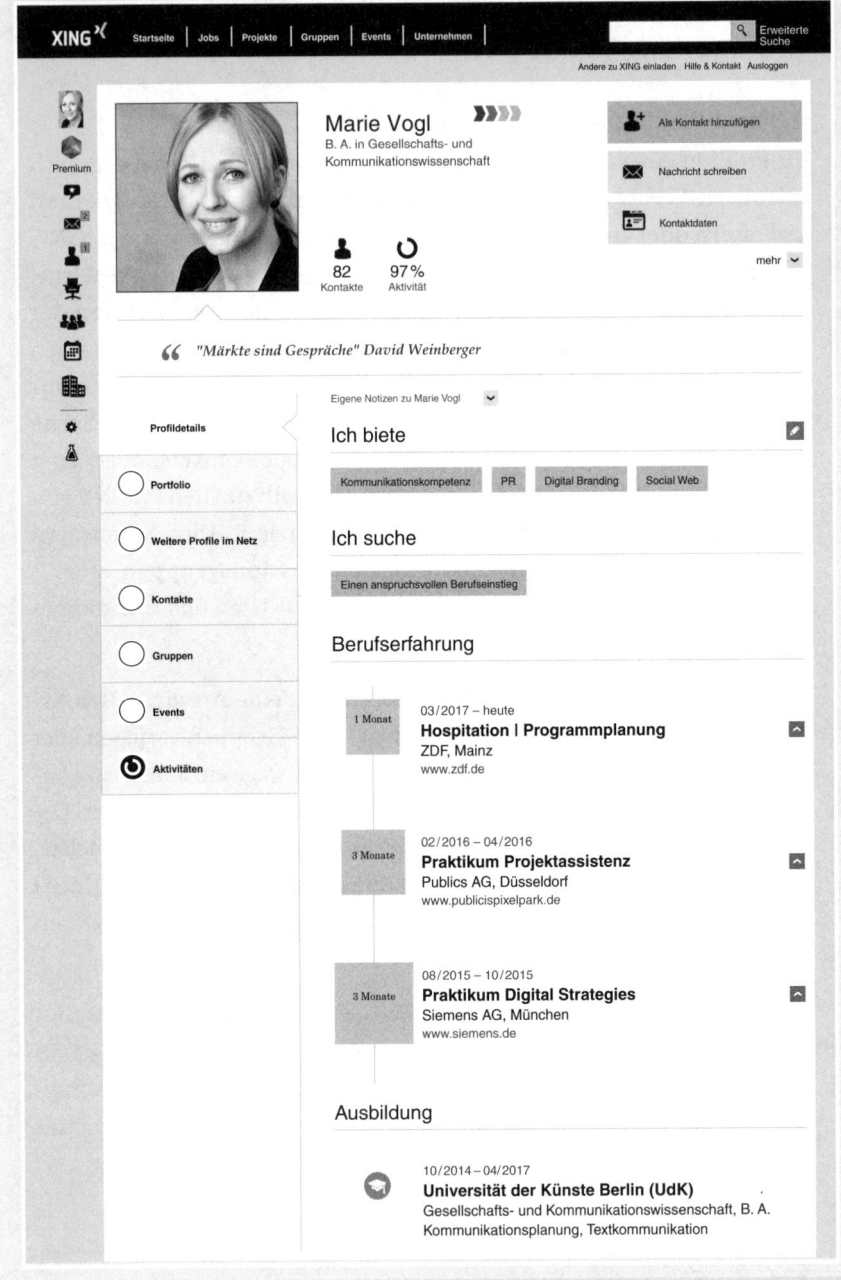

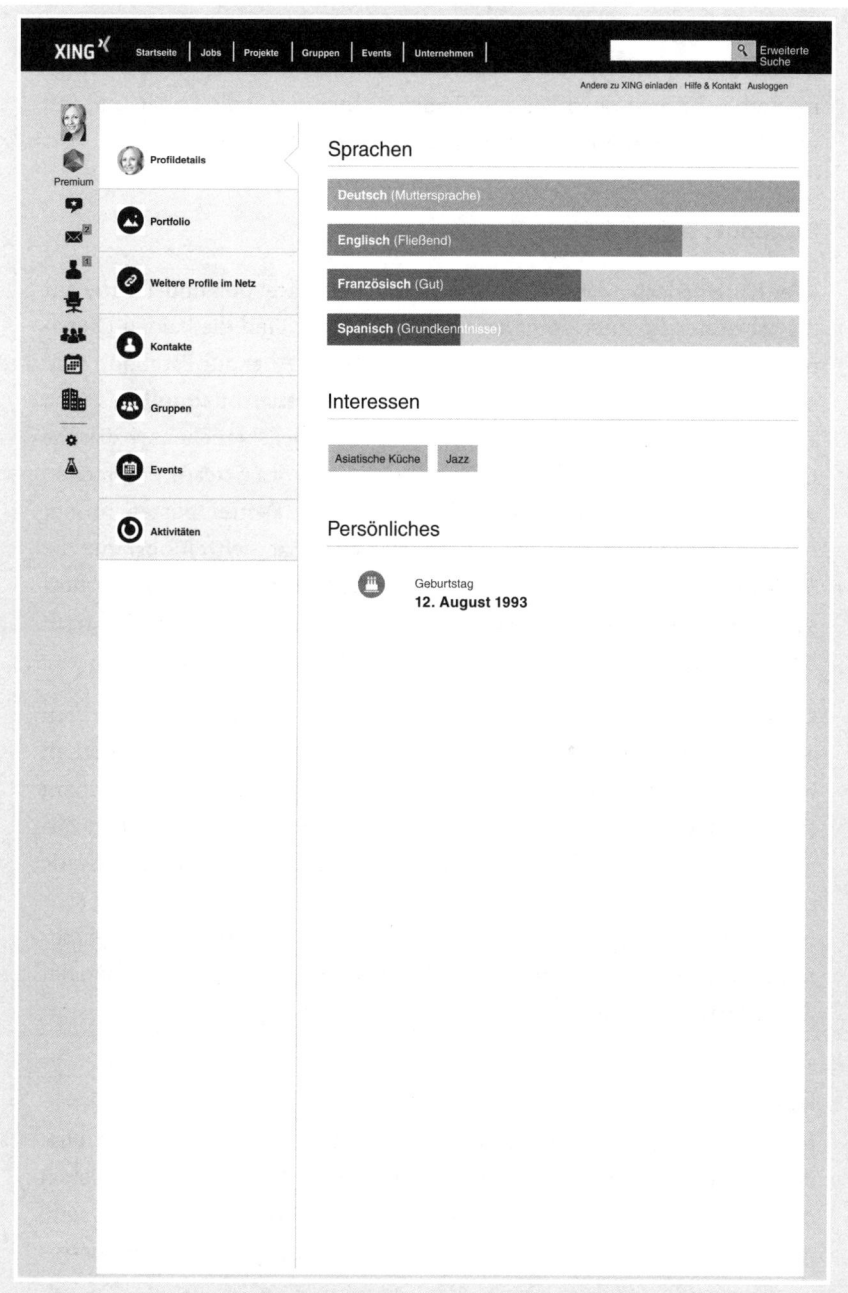

Wenn Sie Ihr XING-Profil öffentlich sichtbar machen, wird es automatisch sehr weit vorn bei den Suchmaschinenergebnissen landen. Ein wichtiger Pluspunkt im Bereich virtueller Selbstdarstellung.

Facebook, Twitter & Co.

Wer hätte gedacht, dass soziale Netzwerke wie Facebook und Twitter für die Jobrecherche interessant sein könnten? Zwar sind die beiden Dienste **keine klassischen beruflichen Netzwerke**. Aber auf Facebook sind zahlreiche Firmen vertreten, die sowohl als **Informationsquelle** als auch als **Kommunikationsmöglichkeit** dienen. Über branchenspezifische Gruppen können Social-Media-Job-Posts direkt im Stream empfangen werden. Auch auf dem Kurznachrichtendienst Twitter posten immer mehr Unternehmer freie Stellen. Mittlerweile hat sich »#jobs« für die Stellensuche etabliert, also die **Jobsuche in Echtzeit**. Auf der Internetseite **Jobtweet.de** können schließlich Twitter-Nachrichten gezielt nach Berufsbezeichnung und Schlagwörtern eingegrenzt werden.

Generell empfehlen wir, sich mit dem Thema soziale Netzwerke offen auseinanderzusetzen und bei Bedarf technische Unterstützung zu suchen bzw. auch über einen passenden Onlinekurs nachzudenken. Mit einem Profil in einer Business-Community erleichtern Sie Personalern den Zugang zu Ihren beruflichen Profilinformationen und gleichzeitig auch die direkte Kontaktaufnahme im Internet. Hinzu kommt, dass Sie selbst sehr interessante Firmendaten – wenn die Firma dort gelistet ist – recherchieren können und dann direkt auch die Ansprechpartner bzw. Personaler dieser Firma über deren Profil kennenlernen können.

Eigene Website, Blog und Google-Alerts

Eine Alternative zu einem Account in sozialen Netzwerken kann eine **eigene suchmaschinenoptimierte Website** (»Visitenkarte im Netz«) oder ein **Blog** zu einem bestimmten Thema im beruflichen Kontext sein. Aber allein schon die aktive Teilnahme an einschlägigen Fachdiskussionen trägt dazu bei, aufzufallen und Kontakte zu erleichtern. So wird man im Internet schneller gefunden.

Zu guter Letzt bietet die Suchmaschine Google mit ihren **Google-Alerts** einen nützlichen Begleiter durch den Internet-Dschungel an: Einfach und kostenlos können Inhalte im Web verfolgt werden, indem für bestimmte Begriffe – z. B. »Manager Marketing München«, – zu denen man eine **E-Mail-Benachrichtigung** erhalten möchte, ein »Alert« erstellt wird.

Ihr Foto

Ein Foto weckt beim Betrachter auf Anhieb Sympathie – oder auch leider Antipathie. Kein Foto bedeutet bei einem Social-Media-Profil: 50 Prozent weniger Kontakte, weniger auffallen und wohl etwa 50 Prozent weniger Erfolg bei allem, was Sie mit Ihrem Foto verbinden.

Daher ist gerade hier höchste Sorgfalt angezeigt. Denn eines ist sicher: **Ihr Bild findet in jedem Fall Aufmerksamkeit, wird angeschaut und ist ein Hingucker.** Es wird betrachtet und einer schnellen, emotional gefärbten Analyse unterzogen.

Sonstige Angaben wie Thema Ihrer Bachelor- / Master-Arbeit, Auslandsaufenthalte, Hobbys, Engagements und mehr

Gibt es da nicht etwas Interessantes zu berichten, das Sie beruflich attraktiv(er) erscheinen lässt? Oder sind es vielleicht die interkulturelle Kompetenz und Sprachkenntnisse, die ja auch zu den bevorzugten Schlüsselqualifikationen zählen? Berichte über **Auslandsaufenthalte** gehören, insbesondere wenn fachbezogen, in Ihr Profil bei geschäftlich orientierten sozialen Netzwerken sowie auf Ihre Homepage und in Ihren Lebenslauf. Die Angabe von **wenigen, ausgewählten Hobbys** macht Ihr Profil **interessanter.** Nutzen Sie diese Möglichkeit!

 Unterschätzen Sie niemals die Vorteile von Business-Plattformen. Der professionelle bzw. persönliche Kontakt zu Personen aus Ihrer Branche (oder Ihrem Wunsch-Unternehmen), die Sie unterstützen, kann Ihnen Zugang zu exklusiven Informationen oder Möglichkeiten eröffnen. Die Präsenz auf Karrierenetzwerken im Internet (z. B. LinkedIn) wird in vielen Branchen immer mehr zur Selbstverständlichkeit.

10. Termin bei der Bundesagentur für Arbeit

Natürlich kann auch ein Gespräch mit Ihrem Arbeitsagentur-Fachberater bei der Stellensuche weiterhelfen. Es lohnt sich, einen Gesprächstermin zu vereinbaren. Je nach Branche sind die Chancen, auf diesem Wege ein interessantes Angebot zu bekommen, ganz unterschiedlich.

- *www.arbeitsagentur.de*   • *jobboerse.arbeitsagentur.de*

11. Unterstützung durch Karriereberater

Hauptaufgabe eines Karriereberaters oder Coachs ist es, Sie individuell bei Ihrem beruflichen Vorankommen zu beraten. Für diese intensive und oft Erfolg versprechende Dienstleistung zahlen Sie ab 100 Euro die Stunde; je nach Qualifikation des Beraters und Ihres Beratungswunsches.

Manchmal lohnt es sich, das Geld zu investieren: Wer zukünftig 50 000 Euro und mehr verdienen will, sollte auch bereit sein, im Vorfeld etwas zu investieren. Klären Sie vorab, wie diese Beratung abläuft und wie viel sie kosten wird.

Last but not least: Suchen Sie im Internet nach sich selbst und Ihrem Gegenüber

Gehen Sie ins Internet und suchen Sie nach Ihrem eigenen Namen. Damit sind nicht nur Recherchearbeiten gemeint, die Ihnen die Spuren, die Sie bisher im Internet hinterlassen haben, nochmals ins Bewusstsein heben, sondern Sie finden auch Self-Assessments,

Übungen, Testaufgaben etc., bei denen Sie sich selbst erproben und Ihre Selbsteinschätzung stärken können.

Haben Sie ein Thema, eine Branche, ein Unternehmen etwas konkreter ins Auge gefasst, bei dem Sie sich Ihren Start und Einstieg in die Arbeitswelt gut vorstellen können, recherchieren Sie alle Informationen, die Sie erhalten können. Aus vielen Mosaiksteinen, aus Tausenden von Pixeln setzt sich so für Sie ein Bild zusammen. Dazu gehören auch Namen von wichtigen Repräsentanten, von Mitarbeitern etc.

ZUSAMMENGEFASST

Recherche & Kontaktaufnahme

- **1. Kontaktstark: Beziehungen nutzen (Networking)**
  Kommunizieren Sie innerhalb Ihres Netzwerkes von Freunden, Bekannten, Verwandten, Kommilitonen, Lehrkräften und Ausbildern, dass und was Sie suchen. Mehr als 30 Prozent der deutschen Arbeitnehmer finden durch Networking einen neuen Job.

- **2. Zeitgemäß: recherchieren und kontaktieren im Internet**
  Unternehmen suchen mittlerweile standardmäßig im Internet, vor allem über Business-Plattformen, nach neuen Mitarbeitern. Auf der firmeneigenen Website oder bei einer der zahlreichen Jobbörsen können Sie direkt auf Stellenanzeigen antworten.

- **3. Klassisch: Stellenangebote in Tageszeitungen und anderen Printmedien**
  Während die überregionalen Medien, wie FAZ und Süddeutsche, sich besonders als Markt für Fach- und Führungskräfte etabliert haben, suchen kleine und mittelständische Unternehmen überwiegend in regionalen Zeitungen neue Mitarbeiter. Schauen Sie unbedingt auch in branchenspezifische Fachblätter.

- **4. Aktiv: die Initiativbewerbung**
  Nehmen Sie von sich aus Kontakt zu einem potenziellen Arbeitgeber auf. Gut formuliert und ansprechend präsentiert haben Initiativbewerbungen eine reelle Chance. Etwa 20 Prozent aller Bewerber erhalten auf diesem Weg einen Job.

- **5. Unerschrocken: die Arbeitsagentur in Anspruch nehmen**
  Der Weg dorthin ist zwar in den meisten Fällen ein Pflicht-
  termin. Dennoch sollten Sie die Chance nutzen und gezielt
  über Ihre Vorstellungen mit Ihrem Berater sprechen. Er verfügt
  oft über gute Kontakte und kann mehr für Sie tun, als Sie
  ahnen.

- **6. Selbstbewusst: eigene Stellengesuche oder Profile aufgeben**
  Wählen Sie sorgfältig die richtige Internet- und/oder Print-Platt-
  form für Ihre eigene Annonce. Für Fach- und Führungskräfte
  sind das die überregionalen deutschen Tages- und Fachmedien.
  Weniger kostenintensiv und mit Breitenwirkung liefert das Internet
  sehr gute Chancen: mit seinen klassischen Jobbörsen (z. B. Mons-
  ter, Stepstone etc.) oder ausgewählten sozialen Netzwerken,
  wie beispielsweise LinkedIn oder XING, die hervorragende
  Markplätze für Ihr Stellenangebot sind.

- **7. Weltoffen: Messen besuchen**
  Messen, die thematisch mit Ihrem Berufsfeld verbunden sind, sind
  gute Möglichkeiten, berufsrelevante Informationen zu erhalten
  und Ihr Netzwerk auszubauen. Hier lernen Sie gegebenenfalls
  potenzielle Arbeitgeber näher kennen.

- **8. Strategisch: Expertenwissen einbinden**
  Lassen Sie sich gezielt von Profis unterstützen: Bewerbungsberater
  helfen Ihnen bei Ihren Unterlagen und geben Tipps, wie Sie sich
  erfolgreicher für potenzielle Jobs bewerben.

- **9. Kommunikativ: telefonieren**
  Stellen Sie Ihre Kommunikationsfähigkeit unter Beweis und sammeln Sie Sympathiepunkte. Hauptanlass: Informationen erfragen.
  Oder im Fall einer Initiativbewerbung: Sie möchten sich für eine
  bestimmte Aufgabe bewerben, benötigen den richtigen Empfänger
  und möchten gern vorab wissen, ob überhaupt Interesse besteht.

- **10. Mutig: Chancen auch durch Praktika, Freelance-Engagements oder Zeitarbeit**
  Viele Wege führen nach Rom: Nutzen Sie die breite Palette der
  Möglichkeiten. Wenn Sie verschiedene Strategien ausprobieren,
  werden Sie Ihr Ziel schneller erreichen.

ZUSAMMENSTELLEN & GESTALTEN DER UNTERLAGEN

Ihre Verkaufsargumente

Nach eingehender Vorbereitung und Auseinandersetzung mit sich selbst, den eigenen beruflichen Zielen und natürlich auch dem potenziellen Arbeitgeber kommt jetzt der Augenblick, die **schriftlichen Bewerbungsunterlagen** zu erstellen. Auch hierfür braucht es ausreichend Zeit, will man sofort beim Empfänger mit seinen Unterlagen einen exzellenten Eindruck hinterlassen.

Gerne dürfen Sie auch zuallererst mit diesem Kapitel starten. Schauen Sie sich die Bewerbungsbeispiele hier im Buch und auf unserer Website unter www.berufundkarriere.de/onlinecontent an.

Nach der sorgfältigen Analyse Ihrer Ausgangsposition verfügen Sie über eine stabile mentale **Basis für die innovative und kreative Gestaltung** Ihrer Bewerbungsunterlagen. Dabei ist auch Ihr Bewusstsein, gezielt eine Botschaft vermitteln zu wollen und dafür eine Art Verkaufsprospekt zu erstellen, wichtig. Der Verkaufsprospekt soll Ihre Kunden begeistern und den Wunsch auslösen, Sie näher kennenzulernen.

Auf die Form, die diese Verkaufsargumente haben werden – ob digital oder klassisch –, werden wir noch ausführlich eingehen. Jetzt steht zunächst einmal die inhaltliche Substanz im Vordergrund.

Dennoch ist an dieser Stelle bereits festzuhalten: Nur ganz wenige Hochschulabsolventen werden ausschließlich die klassische papierene Form (die Bewerbungsmappe) erstellen (vielleicht Theologen, Mediziner etc.). Die meisten Kandidaten werden ihre Bewerbungsunterlagen sowohl auf Papier ausdrucken als auch digital aufbereitet auf den Weg bringen. Kaum ein Kandidat wird allein durch das Ausfüllen von Online-Bewerbungsformularen seinen Berufseinstieg realisieren. Eine Art Lebenslaufdarstellung muss immer früher oder später vorgelegt werden.

Wir werden uns jetzt mit der **Funktion und Erstellung Ihrer Bewerbungsunterlagen** intensiv beschäftigen und uns dann im anschließenden Kapitel mit Lebenslauf und Anschreiben Ihrer Bewerbung auseinandersetzen. Im Kapitel »Digital & online bewerben« (ab Seite 169) wenden wir uns dann sowohl der E-Mail-Bewerbung als auch den Onlineformularen sowie weiteren Online-Bewerbungsmöglichkeiten zu. Wichtig ist uns zunächst, Ihnen zu vermitteln, dass es hier **um Werbung in eigener Sache geht und wie man diese angemessen und erfolgreich umsetzt.**

Werbung in eigener Sache

Bis jetzt haben Sie zwei wichtige Vorbereitungsphasen durchlaufen. Dabei ging es um die Analyse Ihres persönlichen Ausgangspunktes und um Ihre (Werbe-)Botschaft für den potenziellen Arbeitgeber, zusammengesetzt aus den Hauptkomponenten Können, Wollen und Angebot (Arbeitspersönlichkeit).

Unser Ziel war es dabei, Sie für die Notwendigkeit eines kundenorientierten Marketings in eigener Sache zu sensibilisieren. Das Produkt, besser: **Ihre Dienstleistung,** die Sie am Markt anbieten, **müssen Sie bestens kennen und benennen können** – ebenso wie Ihre Kunden, die Käufer Ihrer Dienstleistung.

Ihr nächster Schritt ist nun, all das, was Sie anzubieten haben, zusammenzufassen. Versetzen Sie sich dafür in folgende Situation: Eine Wohnungsbaugesellschaft (Sie können sich auch ein Beispiel ausdenken, das sich auf Ihre Branche bezieht) schreibt per Inserat in der FAZ die Position eines Junior-Juristen aus. Wenig später wird die Personalabteilung mit etwa 500 Bewerbungen überflutet, einer durchaus realistischen Menge.

Haben Sie sich schon einmal ausgemalt, vor welche Organisations- und Auswahlprobleme die Personalabteilung dieses Unternehmens gestellt ist? Welches Volumen allein 100 dicke Umschläge mit Bewerbungsunterlagen haben? Und da auch ein Teil als E-Mail eintrifft, muss man auch organisatorische Maßnahmen treffen, um diese Bewerbungen zu sichten. In der Not werden sie möglicherweise (zumindest teilweise) alle ausgedruckt. Was, glauben Sie also, werden die Mitarbeiter tun, um ihren Aufgaben gerecht zu werden? Es geht um die möglichst effiziente Auswahl der interessantesten Kandidaten, von denen fünf bis maximal zehn Personen eine Einladung zum ersten persönlichen Kennenlerngespräch erhalten sollen.

Um diese Bewerber herauszufiltern, muss sich der Personaler schnell entscheiden; **meist werden nur 50 bis vielleicht 80 der eingereichten Bewerbungsunterlagen intensiver (5 – 10 Minuten) gelesen.** Der Rest wird kurz überflogen und dann für eine Absage zur Seite gelegt.

Worauf wird also die vom Personalsachbearbeiter auf Kurzzeit eingestellte Aufmerksamkeit zentriert? Nach dem Öffnen des Umschlags oder der Mail hastet der Blick – wenn überhaupt – flüchtig über das Anschreiben, um dann in den angefügten Dateien vor allem das **Foto** und die Eckdaten des Kandidaten schematisch zu erfassen: **Alter, Beruf, Abschluss, Berufspraxis, evtl. persönlicher Werdegang** und ggf. **Hobbys**. Dafür sind zwei bis drei Minuten (bisweilen sogar deutlich weniger) für den geübten, schnellen Vorentscheider, vier bis fünf für den schon fast zwanghaft genauen Sachbearbeiter und Vorsortierer bereits sehr viel Zeit. **Dennoch wird hier die Weiche gestellt, die das Bewerbungsverfahren für den Kandidaten beendet oder ihn in eine erste Vorauswahl kommen lässt.** Dabei besteht übrigens immer eine mehr oder weniger konkrete Vorstellung von den Auswahlkriterien, die der Kandidat zu erfüllen hat.

Wenn Sie jemals die Aufgabe hatten, einen Berg von Bewerbungsunterlagen auf der Suche nach geeigneten Kandidaten durchzuschauen, wissen Sie, wie schnell die Aufmerksamkeit sinkt, Unlustgefühle aufsteigen und der ewige Zeitdruck Ihnen das Gefühl vermittelt: Alles Mist, der Richtige ist sowieso nicht dabei, die eingereichten Unterlagen, Dateien, Infos sind viel zu wenig aussagekräftig, die ganze Auswahlprozedur ist eine einzige Qual ...

Vielleicht meinen Sie, wir übertreiben, und der von Ihnen dazu befragte Personalverantwortliche wird auch bestimmt beteuern, dass er sich für jede Bewerbung auf seinem Schreibtisch eine Viertelstunde Zeit nimmt. Die Realität sieht jedoch anders aus.

Doch auch unter Zeitdruck wird der Blick hängen bleiben, wenn die Bewerbungsunterlagen besonders gut gemacht sind und so Aufmerksamkeit auf sich ziehen. Und zu diesen wenigen sollten Sie unbedingt gehören ... Auf den folgenden Seiten geben wir Ihnen die Empfehlungen dazu.

Worauf es ankommt, wenn Sie ankommen wollen

Mit der **schriftlichen Bewerbung** (egal ob auf digitalem Weg oder klassisch per Post im großen Briefumschlag) geben Sie eine Art Visitenkarte ab, eine **erste Arbeitsprobe**. Doch bereits in dieser ersten Auswahlphase werden häufig über 80 Prozent der Bewerbungen sofort aussortiert, weil sie den formalen Standards nicht entsprechen – ohne Berücksichtigung der inhaltlich-qualitativen Aspekte.

Die perfekte Gestaltung der Bewerbungsunterlagen ist daher für eine erfolgreiche Bewerbung ein absolutes Muss. Und selbst wenn es kein Patentrezept für die hundertprozentig erfolgreiche schriftliche Bewerbung gibt: Man kann schon mit einem etwas kreativ-innovativen Bewerbungsdesign auf Personalentscheider treffen, die Ihr Engagement und Ihren Stil zu schätzen wissen und entsprechend positiv reagieren.

Grundsätzlich gelten Spielregeln, und die zu befolgen ist meist sinnvoll. Sie entscheiden selbst, was Sie umsetzen und welche Möglichkeiten Sie nutzen wollen!

Im **Normalfall** besteht eine schriftliche Bewerbung aus mehreren, den in der Stellenanzeigensprache sogenannten »üblichen«, »vollständigen« oder »aussagefähigen« Unterlagen. Das sind in der Regel:

- **Bewerbungsanschreiben**
- **Lebenslauf**
- **Foto** (trotz Gleichstellungsgesetz!)
- **Zeugniskopien**

Weitere Anlagen können unter Umständen sein:

- **Profil**
- **Zertifikate/Auflistungen** über besondere Schulungen, Kurse etc.
- eine **Dritte Seite**
- in seltenen Fällen **Referenzen, Empfehlungen**
- das polizeiliche Führungszeugnis (sehr selten)

Im Folgenden haben wir für Sie die allgemeinen Empfehlungen für die formale Gestaltung Ihrer Bewerbungsunterlagen zusammengefasst, ergänzt durch aktuelle, erfolgreich erprobte Innovationen:

Generelle Gestaltungstipps

Für den ersten Eindruck gibt es keine zweite Chance. Das gilt zunächst für Ihre Bewerbungsunterlagen mit Foto, denn sie sind das erste, was ein Personalentscheider von Ihnen sieht. Dieser erste Eindruck entscheidet meistens darüber, ob Sie eingeladen werden.

- **Besser gründlich statt schnell**, je sorgfältiger Sie Ihre Bewerbung vorbereiten, umso größer die Chance auf eine Einladung. Nur »mal eben auf die Schnelle« etwas zu schreiben hat wenig Sinn.

- Entwickeln Sie Ihre **persönliche Werbebotschaft** und überlegen Sie genau, warum gerade Sie auf die ausgeschriebene Stelle und

⟶

zur Firma passen. Welche Kompetenzen haben Sie und wie können Sie helfen, Probleme zu lösen? Entwickeln Sie Ihre individuelle Werbebotschaft und stellen Sie Ihre Fähigkeiten, Leistungsmotivation und Ihre Wesensart **(KLP)** überzeugend dar.

- Ihre Bewerbung ist eine Art »Verkaufsprospekt«, denn mit den Unterlagen, die Sie Ihrem Anschreiben beilegen (z. B. Zeugnisse, Fortbildungen), haben Sie die Chance, Ihre **»Verkaufsargumente«** zu unterfüttern.

- Unterstützen Sie eine **schnelle Entscheidung**, denn Personalentscheider nehmen sich in der Regel sehr wenig Zeit, um Bewerbungen zu sichten. Manche treffen bereits nach einer Minute ihre Entscheidung. Optimieren Sie Ihre Bewerbung so, dass auf den ersten Blick erkennbar ist, was Sie ausmacht und was Sie zu bieten haben.

- Erzielen Sie **Wirkung**! Schließlich wollen Sie Aufmerksamkeit und Interesse eines Personalentscheiders wecken, um ihn zu einer Einladung zu bewegen (siehe dazu AIDA, Seite 125).

- Nahezu 80 Prozent aller Bewerbungen landen sofort auf dem Stapel »zurück zum Absender«. Die häufigsten Gründe sind Rechtschreibfehler. Lesen Sie Ihr Anschreiben mindestens zweimal Korrektur, um **Rechtschreibfehler** zu **vermeiden,** und lassen Sie es von Freunden oder Familienmitgliedern ebenfalls gegenlesen.

- Nehmen Sie sich **ausreichend Zeit für Konzept und Ausführung** und einen **guten Fotografen**, denn Ihr Foto ist wichtigster emotionaler Weichensteller.

- Zur optischen Gestaltung besser keinen Block-, sondern **Flattersatz** – das sieht lebendiger aus. Für Ihre **Unterschrift** (immer Vor- und Nachname leserlich (!) voll ausschreiben) empfehlen wir konservatives **Königsblau** (Füllfederhalter oder Kugelschreiber). Setzen Sie Ihre eingescannte Unterschrift in Anschreiben und Lebenslauf ein. Nicht selten wird die Unterschrift vergessen.

- Achten Sie auf eine **klare und übersichtliche Gliederung** (Absätze!) sowie auf angemessene Platzeinteilung, Ränder (ca. 4 cm links und 3 cm rechts) sowie korrekten Umbruch, und beseitigen Sie »Löcher« in den Zeilen und an deren Ende.

 Bevor Sie Ihre Unterlagen versenden: Lassen Sie Ihre Bewerbung von einer anderen Person lesen und alle genannten Punkte gegenchecken!

Und noch etwas: Sie könnten ja der Meinung sein, Sie bewerben sich nur digital und versenden nicht einmal Ihre Unterlagen, sondern beantworten lediglich die Fragen eines Online-Bewerbungsformulars. Selbst wenn Sie sich nur bei ganz großen Konzernen bewerben, die heutzutage nahezu alle die Onlineformular-Variante zwingend vorschreiben: **Sie kommen um eine klassische schriftliche Darstellung Ihres Lebenslaufs nicht herum.** Denn: Wenn Sie zu einem Assessment-Center oder einem Gespräch eingeladen werden, werden Sie auch aufgefordert, Ihre **Bewerbungsunterlagen** mitzubringen. Anhand dieser wird dann auch untersucht, wie Sie die wichtigsten Informationen zu Ihrer Person und Ihrem Mitarbeitsangebot darstellen.

Werbepsychologie

Bevor wir im Detail auf Ihre schriftlichen Bewerbungsunterlagen sowie die Online-Varianten eingehen, zeigen wir Ihnen einige Grundlagen der **Werbepsychologie** als Voraussetzung für die optimale Gestaltung Ihrer Bewerbung.

Um bereits mit Ihren Bewerbungsunterlagen einen ersten guten Eindruck zu erzielen, können Sie sich der **AIDA-Formel** aus der Werbepsychologie bedienen. Sie steht für:

A = **Attention (Aufmerksamkeit erzeugen)**
I = **Interest (Interesse wecken)**
D = **Desire (Wunsch auslösen)**
A = **Action (die Handlungsaktivität provozieren)**

Tragen Sie prägnant und gut formuliert alle wichtigen Argumente vor, die für Sie sprechen und zu einer Einladung führen könnten. Der Leser soll neugierig auf jede neue Seite sein, die er in Ihrem Verkaufsprospekt aufschlägt, und damit natürlich auf Sie als Person. Es sollte der Wunsch entstehen, Sie kennenzulernen.

Ihre Bewerbungsunterlagen

Aus welchen Mosaiksteinen setzen sich Ihre klassischen Bewerbungsunterlagen zusammen (auch, wenn sie digital verschickt werden) und was ist bei der Abfolge der einzelnen Bestandteile zu berücksichtigen? Welche biografischen Anpassungsleistungen sind zu erbringen? Wie bekommen Sie das Ganze gut lesbar rüber, zunächst einmal ganz unabhängig vom Medium? An welcher Stelle können Sie ein bisschen mehr Glanz vermitteln und auf eine persönliche, innovative und kreative Weise geschickt auf sich aufmerksam machen? Planen Sie für Ihr Bewerbungsvorhaben entsprechend Zeit ein. Es ist nicht ungewöhnlich, allein für die **Konzeption der Bewerbungsunterlagen 10 – 20 Stunden** zu investieren. Die konkrete Ausführung kann im ersten Durchgang leicht noch einmal so viel Zeit in Anspruch nehmen. Nach einer gewissen Routine wird aber das Erstellen weiterer Bewerbungsunterlagen – jeweils individuell zugeschnitten auf den betreffenden Arbeitsplatzanbieter – nur noch ca. zwei bis vier Stunden beanspruchen.

Entwickeln Sie drei alternative Konzepte für Ihre Bewerbungsunterlagen und stellen Sie diese einer selbst ausgewählten »Personalkommission« vor. Durch Tipps und Kritik von anderer Seite können Sie Ihre **Bewerbungsunterlagen optimieren** und noch **attraktiver und überzeugender gestalten.**

Bausteine für die Präsentation

Zu den Bausteinen einer schriftlichen Bewerbung wird den meisten Lesern an dieser Stelle einfallen:

- Anschreiben
- Lebenslauf, Foto
- Ausbildungszeugnisse, ggf. Arbeits- bzw. Praktikumszeugnisse

Wir empfehlen Ihnen, weitere Komponenten zu berücksichtigen und gegebenenfalls in Ihre digitale Bewerbung oder Ihre Mappe aufzunehmen:

- Deckblatt
- Inhaltsübersicht oder Anlagenverzeichnis
- Einleitungsseite
- Seite mit den persönlichen Daten
- Studienschwerpunkte und/oder Thema der Bachelor-/Masterarbeit
- evtl. eine »Dritte Seite«
- evtl. ein Profil
- evtl. Handschriftenprobe
- möglicherweise Referenzen
- ggf. Arbeitsproben

Die Dramaturgie Ihres Drehbuches

Zunächst müssen **Sie entscheiden**, wie Ihre (digitalen) Bewerbungsunterlagen aussehen sollen, **welche Informationen** Sie in **welcher Abfolge** zusammenstellen und präsentieren wollen. Bildlich gesprochen: **Wie wollen Sie das »Drehbuch« Ihres Werbe- und Erfolgsfilms konzipieren?** Wir greifen hier zunächst auf die papierene Darstellung zurück, weil sich daran schneller vermitteln lässt, welche inhaltlichen Möglichkeiten Sie haben, welche Varianten vorstellbar sind. Die Übertragung in ein beliebiges digitales Medium (E-Mail mit Dateianhängen, Power-Point-Präsentation, Online-Fragebogen etc.) ist dann der nächste Schritt.

Als Drehbuchautor müssen Sie zunächst wissen, **was Sie Ihrem (Lese-) Publikum vermitteln wollen und auf welche Art das geschehen soll.** Für Ihre Unterlagen bedeutet dies: Was soll wie auf welchen »Seiten« stehen? **Wir zeigen Ihnen verschiedene Varianten in Form von Skizzen.** Betrachten Sie diese Vorschläge als Anregung. Sie entscheiden, was Sie für sich in Anspruch nehmen wollen. Der Einfachheit halber behandeln wir im Folgenden die Bewerbung so, als ob es nur um die papierene, klassische Bewerbung geht. Schlussendlich folgt die E-Bewerbung aber auch in weiten Teilen diesem Modell.

Je differenzierter Sie den Inhalt jeder »Seite« planen, desto leichter fällt später die Umsetzung. Wie umfangreich Ihr »Werbeprospekt in eigener Sache« ausfällt, bestimmen Sie. Ob es nur zwei, drei »Seiten« plus Anlageseiten werden oder sechs bis sieben »Seiten«, ob es ein Deckblatt gibt oder besser eine Einleitung – Sie entscheiden. Und nicht alles, was man als Bewerber zu bieten hat, gehört in die Unterlagen. Da ist oft weniger mehr!

Jetzt zeigen wir Ihnen, welche **Abfolge- und Gestaltungsmöglichkeiten** Sie haben – bei Ihren Bewerbungsunterlagen allgemein und speziell bei der E-Mail-Bewerbungsvariante. Schematisch sieht das so aus:

Abfolge 1: klassisch

Abfolge 2: erweitert klassisch

Abfolge 3: erweitert klassisch mit Dritter Seite

Abfolge 4: erweitert klassisch mit Dritter Seite und Anlagenübersicht

Abfolge 5: erweitert klassisch mit Inhaltsübersicht und Dritter Seite

Bei der E-Mail-Bewerbung variiert dieses Schema etwas. Entscheidend ist nur, wie Sie den E-Mail-Maskentext für sich verstehen und nutzen wollen; kurz, mittellang oder sehr ausführlich mit Lebenslaufdaten.

Hinweis: Für den Empfänger ist es am praktischsten, wenn sich **alle angehängten Dokumente in einer Datei** befinden.

Version 1: mit kurzer E-Mail und Dateianhang mit Anschreiben, Lebenslauf sowie Anlagen

Version 2: mit ausführlicher E-Mail und Dateianhang mit Lebenslauf und wenigen ausgewählten Anlagen

Version 3: mit kurzer E-Mail und Dateianhang mit Anschreiben, Deckblatt, Lebenslauf und Anlagen

Version 4: mit ausführlicher E-Mail und Dateianhang mit Deckblatt, Lebenslauf, Dritter Seite und Anlagen

Zu den einzelnen Elementen der E-Mail-Bewerbung
Anschreiben

Dieses können Sie durchaus etwas anders gestalten als ein klassisches per Brief versandtes, also z. B. ohne Anschriftenfeld. **Schreiben Sie möglichst nicht mehr als eine Seite**, und achten Sie vor allem auf die **Zeilenführung** und **Absatzgestaltung**. Über 70 Prozent der Personaler handhaben E-Mail-Bewerbungen wie klassische Bewerbungen. Interessante Unterlagen werden oft immer noch ausgedruckt und dem bereits vorliegenden Bewerbungsmappen-Stapel hinzugefügt. **Nehmen Sie daher in der Mail selbst schon kurz Bezug auf Ihren beruflichen Werdegang.** Das gibt dem Leser einen ersten Überblick, weckt hoffentlich Neugierde und lässt das Gefühl aufkommen, hier lohnt sich der Blick in die angehängte Datei. Beschränken Sie besser Ihre Kreativität auf den Inhalt, nicht auf die Gestaltung des Mailtextes. Nutzen Sie die klassischen Formatierungen – schwarz auf weiß, einzeilig (zugegeben, blaue Schrift ist auch nicht schlecht und es muss nicht immer Times New Roman oder Arial sein). Halten Sie sich mit anderen Textformatierungen (fett, kursiv etc.) etwas zurück. Nicht selten ist das E-Mail-Programm des Empfängers so konfiguriert, dass es Ihre Nachrichten nicht in dem Format lesen kann, in dem Sie es abgesendet haben. **Verwenden Sie die einfachsten Standards und keine allzu großen Spielereien.**

Ihre **Kontaktdaten** platzieren Sie bei einer E-Mail am besten am **Ende des Nachrichtentextes**. Nur wenn sichergestellt ist, dass Ihre HTML-E-Mail auch korrekt empfangen bzw. dekodiert werden kann, lohnt sich die Arbeit, am Ende des Textes Ihre eingescannte Unterschrift einzufügen. Während die eigene Signatur an dieser Stelle also eine interessante Option darstellt, ist sie im angehängten Anschreiben sowie im Lebenslauf fast schon ein ganz klares Muss. Das sieht sehr schön aus, ist persönlicher und kann z. B. auch in blauer Schrift formatiert werden.

Deckblatt

Hier haben Sie maximalen Spielraum. Ob nur mit der Überschrift »Bewerbung« oder mit Foto, Namen und Anschrift, Geburtsdatum, allen anderen wichtigen Daten und sogar Ihrem Lebensmotto versehen, mit oder ohne ausgangssituative, berufliche Beschreibung, Ausbildungs- und Erfahrungshintergrund – Sie sind der »Regisseur«, Sie entscheiden, was und wie viel Sie hier präsentieren. **Ein Deckblatt ist keinesfalls ein Muss, aber heute doch sehr üblich** (jede zweite Bewerbung).

Lebenslauf

Nach dem Anschreiben folgt Ihr Lebenslauf. **Sie dürfen, aber müssen nicht mit einer Seite auskommen. Bis zu drei Seiten**, in besonderen Fällen auch vier sind vorstellbar. Gerade aber bei einer E-Mail-Bewerbung ist oftmals weniger mehr.

Da, wie Sie bereits wissen, Anlagen gerne ausgedruckt werden, ist ein **gut formatierter Lebenslauf besonders wichtig**. Alternativ können Sie ihn auch als absolute Kurzversion direkt in die E-Mail schreiben. Das erspart dem Leser bei der ersten Durchsicht einen zweiten Klick auf eine angehängte Datei und damit Zeit, und könnte im besten Fall Neugierde wecken und sogar steigern.

Dritte Seite

Sie dürfen, aber müssen keine Dritte Seite verwenden! Wichtig: Wenn Sie eine Dritte Seite hinzufügen, dann nur ganz exzellent getextet, was voraussetzt, Sie haben über Ihre Botschaft gut nachgedacht und diese sehr sorgfältig formuliert. Und schreiben Sie die Seite bloß nicht zu voll!

Anlagenverzeichnis

Damit der Empfänger sich nicht durch die Anlagen »quälen« muss, können Sie ihm hier eine Unterstützung anbieten. Insbesondere bei E-Mail-Bewerbungen müssen aber gar nicht so viele Zeugnisse angefügt werden.

Anlagen

Auch hier gilt: Oftmals ist weniger mehr. Es kommt jedoch immer noch vor, dass selbst ein 35-Jähriger nach seinem Abiturzeugnis gefragt bzw. aufgefordert wird, es nachzureichen, und natürlich kommen hier schnell drei und mehr Seiten zusammen! Aber bitte auch **nicht mehr als sechs bis neun Seiten unaufgefordert schicken,** und nicht jedes Dokument muss mit allen Seiten beigefügt werden!

Beachten Sie bitte, dass beim Versand von Anlagen idealerweise nur ein zentrales Dokument versandt werden sollte. Das vereinfacht das Abspeichern und Öffnen für die Empfänger und stellt auch sicher, dass keine Unterlagen vergessen werden. Die Datenmenge sollte nicht zu groß sein (bitte **maximal fünf MB,** besser nur drei MB). Versehen Sie das Dokument mit einem aussagekräftigen Namen, z. B. »bewerbung_anne_schulz_25102017«.

Eine Alternative für die Bezeichnung: Ihr Familienname, ·Vorname und der Hinweis auf Lebenslauf, Anschreiben oder Zeugnisse wie z. B. »Mueller_Martin_Anschreiben«. Achten Sie dann innerhalb des angehängten Dokuments auch auf die richtige Reihenfolge der Texte.

Foto

Scannen Sie Ihr Bewerbungsfoto ein bzw. lassen Sie sich dabei von professioneller Seite helfen – sofern Sie es vom Fotografen nicht ohnehin in digitaler Form erhalten haben. Speichern Sie das eingescannte Bild in einem universell verbreiteten Bildformat – am besten als JPEG – ab und fügen Sie es in Ihren Lebenslauf ein. Beachten Sie hierbei, dass das Bild nicht zu viel Speicherplatz einnimmt und damit die Datenmenge Ihrer Bewerbung zu groß wird.

ZUSAMMENGEFASST

Zusammenstellen der Unterlagen

- Bewerbungen haben eine Konstante: Sie müssen Interesse wecken, noch besser: **Neugier auslösen**. Nur eins dürfen sie nicht: l a n g w e i l e n .

- Nach eingehender Vorbereitung und Auseinandersetzung mit sich selbst, den eigenen beruflichen Zielen und natürlich dem potenziellen Arbeitgeber kommt jetzt der Augenblick, die schriftlichen Bewerbungsunterlagen zu erstellen. Auch hierfür braucht es **ausreichend Zeit**, will man sofort beim Empfänger mit seinen Unterlagen einen **exzellenten Eindruck** hinterlassen.

- Der Trend geht zu Onlinebewerbungen und hat längst die 75-Prozent-Marke überschritten. Vor allem zwei Formen sind hierbei zu unterscheiden: die klassische als E-Mail versandte Form und der am Computer ausgefüllte Onlinebewerbungsfragebogen. Dazu mehr in dem Kapitel nach »Lebenslauf und Anschreiben«.

LEBENSLAUF & ANSCHREIBEN

Der Lebenslauf als biografische Anpassungsleistung

Der Lebenslauf ist eines der wichtigsten Argumente für oder gegen einen Bewerber. Viele Personalentscheider sind der Meinung, er stelle die entscheidende Weiche für die Einladung zum Vorstellungsgespräch. Planen Sie daher für die sorgfältige Konzeption und Ausformulierung dieses Bewerbungsmosaiksteins mehrere Stunden ein.

Es gibt nicht den einen, unumstößlich feststehenden Lebenslauf, den Sie für alle Arten von Bewerbungen einsetzen. Passen Sie Ihren Lebenslauf jeweils an die besonderen Aufgaben und Anforderungsmerkmale der von Ihnen angestrebten Position an!

Form und Inhalt

Die **wichtigen Informationen und Argumente**, die für Sie als idealen Kandidaten sprechen, müssen für den Empfänger Ihrer Unterlagen **klar und übersichtlich geordnet** sein. Sie sind sowohl in der Länge als auch in der grafischen Gestaltung relativ frei, jedoch sollte Ihr Lebenslauf nicht zu umfangreich sein und **drei Seiten möglichst nicht übersteigen**.

Der Leser entnimmt Ihrem Lebenslauf, ob Sie sowohl in Ihrer fachlichen Kompetenz, aufgrund Ihrer Ausbildungs- oder Berufsvorerfahrung und Beschäftigungsstationen, als auch in Ihrer Persönlichkeit für die angebotene Position geeignet sind. Das gilt in abgeschwächter Form auch für Hochschulabsolventen, obwohl diese kaum über langjährige Berufspraxis verfügen. Dennoch geht es darum, möglichst mit zusätzlichen Qualifikationen zu glänzen und auf diese Weise aus der Menge von Bewerbern hervorzutreten. Vielleicht haben Sie ein berufsspezifisches Ehrenamt oder Engagement, Sie haben an Wettbewerben teilgenommen und gewonnen, möglicherweise Auslandsaufenthalte oder besondere Praktika oder Spezialkurse an der Universität oder außerhalb absolviert. Gleichermaßen sind außerberufliche Hobbys oder Interessen relevant, wenn sie mit den Anforderungen des angestrebten Arbeitsplatzes zu tun haben. So könnte man beispielsweise davon ausgehen, dass ein Hobby wie Angeln tendenziell für Geduld steht – sicher positiv zu bewerten bei einem Bewerbungsvorhaben als Sozialpädagoge in einer Einrichtung für verhaltensauffällige Kinder, vielleicht eher problematisch (und daher in der entsprechenden Anpassung Ihres Lebenslaufes zu vernachlässigen), wenn Sie sich für eine Stelle bewerben, bei der es auf ein besonders aktives, dynamisches und kontaktfreudiges Auftreten ankommt.

Der entscheidende Gedanke bei der Gestaltung des Lebenslaufes ist: Was könnte Sie in den Augen des Arbeitgebers für den angestrebten Arbeitsplatz **interessant machen, Sie aufwerten und von anderen Mitbewerbern positiv unterscheiden?** Vielleicht ist es ja das besondere Image Ihrer Universität, Ihrer Ausbildungsfirma, Ihres jetzigen Arbeitgebers (z.B. bei Praktika) oder eine Mitgliedschaft (in Vereinen usw.), die beim Leser Ihrer Unterlagen ein Aha-Erlebnis auslöst.

Folgendes klassisches Schema war bisher Standard bei der tabellarischen Lebenslaufdarstellung und soll Ihnen zur Anregung und als Ausgangsbasis für eine individuelle Weiterentwicklung dienen:

1. Persönliche Daten

- Vor- und Zuname
- Anschrift (Telefon/Handy/E-Mail-Adresse können, müssen aber an dieser Stelle nicht sein, wenn sie anderswo aufgeführt sind)
- Geburtsdatum und -ort
- Religionszugehörigkeit (nur bei Bewerbungen in religiösen Einrichtungen)
- Familienstand und ggf. Zahl und Alter der Kinder
- evtl. Name und Beruf des Ehepartners (Namen/Berufe/Positionen der Eltern, Geschwister in keinem Fall aufführen)
- Staatsangehörigkeit (nur nötig, wenn Sie nicht aus Deutschland kommen oder Ihr Name auf eine andere Herkunft schließen lässt)

2. Schulausbildung

- besuchte Schulen (Typen)
- Schulabschluss

3. Wenn gegeben: Freiwilliges Soziales Jahr, Bundesfreiwilligendienst

- Einsatzbereich

4. Hochschulstudium

- Fach oder Fächer
- Universität
- Schwerpunkte, ggf. Thema der Examensarbeit, Promotion
- Art der Examina, Abschluss

5. Wenn vorhanden: Berufstätigkeit und/oder Praktikumserfahrungen

- Art der Berufsausbildung
- Ausbildungsfirma oder -institution (evtl. mit Ortsangabe)
- Abschluss (evtl. mit Hinweis auf besonderen Erfolg)
- Berufsbezeichnungen/-positionen (evtl. mit Kurzbeschreibung)
- Arbeitgeber mit Ortsangaben

Bei diesen Punkten bitte Zeitangaben machen!

6. ggf. berufliche Weiterbildung

- alles, was Bezug zur Berufspraxis hat

7. ggf. außerberufliche Weiterbildung

- bei Kursen gilt: Fremdsprachen: ja, psychologische an der VHS: eher nein. Denken Sie daran, welches Bild Sie von sich entwerfen!

8. Besondere Kenntnisse

- beispielsweise Fremdsprachen, IT, Führerschein

9. Hobbys und Interessen, ggf. berufliches Engagement

- künstlerische Tätigkeit
- ehrenamtliches oder soziales Engagement
- positiv wird auch Sport bewertet
- evtl. politische Aktivitäten

Ihre gewählten Hobbys und Interessen sollten in jedem Fall **zu dem von Ihnen angestrebten Arbeitsplatz passen**! Bitte **übertreiben Sie nicht** in der Aufzählung Ihrer Ehrenämter oder interessanten Hobbys, mehr als drei wirken unrealistisch oder deuten auf ganz andere als berufliche Interessenschwerpunkte.

10. ggf. Sonderinformationen

- etwa über Auslandsaufenthalte während Schulzeit, Studium oder Berufstätigkeit

11. Ort, Datum und Unterschrift

Verzichten Sie auf Erklärungen, Versicherungen usw. Angaben über Ihre Glaubensrichtung, Ihre politische Orientierung und entsprechende Aktivitäten (Ausnahme: Bewerbungen bei politischen, weltanschaulichen oder religiösen Tendenzunternehmen), über Ihre Vermögensverhältnisse und Ihren Gesundheitszustand gehören nicht in den Lebenslauf.

Ferner sind viele Angaben im Lebenslauf **»Kann-Bestimmungen«.** Die Angabe des Familienstandes beispielsweise ist nicht zwingend notwendig. Abzuraten ist von Selbstbeschreibungen wie »geschieden« oder »wieder verheiratet« – schreiben Sie besser »verheiratet« oder »unverheiratet«. Besonders Frauen sollten sich gut überlegen, ob sie das Alter der Kinder nennen. Es kann allerdings von Vorteil sein, das Alter der Kinder anzugeben, wenn diese aus den betreuungsintensiven Jahren (von 0 bis 12) bereits heraus sind.

Auf diese Weise können Sie eventuelle Arbeitgeberängste entkräften, dass Sie wegen Ihrer Kinder nicht immer voll einsatzfähig sind.

Die Abschnitte des tabellarischen Lebenslaufes

Es besteht kein Zwang, die einzelnen Abschnitte Ihres Lebenslaufes in einer bestimmten Reihenfolge zu gestalten. Wenn Sie die persönlichen Daten bereits an anderer Stelle ausführlich behandelt haben, können Sie durchaus mit der aktuellen beruflichen Situation starten, gefolgt von der (beruflichen) Weiterbildung und Ihren besonderen Kenntnissen. Die Uni- und Schulausbildung und sonstige erwähnenswerte Interessen bilden dann den Abschluss.

Ziel des Lebenslaufes ist es, dem **Leser schnell einen guten Überblick** über die von Ihnen als wichtig erachteten Informationen zu liefern. Solange Sie wissen, welche Botschaft Sie vermitteln wollen, haben Sie **völlige Freiheit bei der Reihenfolge**. So ist beispielsweise nach den persönlichen Daten sogar die Präsentation besonderer Hobbys, Kenntnisse und Ehrenämter vorstellbar, wenn diese bewerbungsbezogen zum Persönlichkeitsbild beitragen. Sie entscheiden über die Dramaturgie, die Abfolge der Informationen.

Persönliche Daten

In den ab Seite 210 aufgeführten Beispielen sind vielfältige Varianten der Gestaltung demonstriert. All diese persönlichen Daten haben auch Platz auf dem Deckblatt oder der ersten Seite und können da wie dort durch das Foto sinnvoll ergänzt werden. Sollten Sie sich entschließen, den Schwerpunkt dieser Daten an anderer Stelle zu setzen, reichen die Namensnennung und das Geburtsdatum, um dann die nächste Rubrik zu eröffnen.

Schulbildung

Halten Sie diese Angaben kurz und knapp: Die ausführliche Benennung etwa zweier Grundschulen wegen eines Umzugs der Eltern ist überflüssig, da irrelevant für Ihr Bewerbungsvorhaben. Der Wechsel von der Realschule auf das Aufbaugymnasium hat jedoch eine gewisse Bedeutung und könnte notiert werden.

Zweiter Bildungsweg und Abendgymnasium sind wichtige Kennzeichen Ihrer besonderen Leistungs- und Lernmotivation und sollten deshalb angemessen Erwähnung finden.

Glatte Jahreszahlen reichen aus, und an welchem Datum Sie mit welcher Durchschnittsnote das Abitur abgelegt haben, gehört nicht unbedingt zu den essenziellen Informationen. Je länger Ihre Schulzeit zurückliegt, desto komprimierter sollten Ihre Informationen sein. Falls sie aufgrund einiger Ehrenrunden etwas länger gedauert hat: keine Erklärungen!

Freiwilliges Soziales Jahr, Bundesfreiwilligendienst

Diese Zeit sollte in jedem Fall erwähnt werden, denn ob Sie ein freiwilliges soziales Jahr in einem Kinderheim gemacht haben oder sich freiwillig engagiert haben, kann je nach Arbeitgeber unterschiedlich interpretiert werden. Zur Zeitangabe reicht die Nennung von Monat und Jahr, wenn länger zurückliegend auch die Jahresangabe.

Berufs- und Hochschulbildung

Bei Fach- und Hochschulabsolventen sind die Fachhochschule oder die Universität mit Ortsangabe, die Studienfächer (ggf. Haupt- und Nebenfächer) und die Abschlüsse **differenziert darzustellen** – evtl. ergänzt durch einen Hinweis auf Studienschwerpunkte, bekannte Professoren und das Thema der Abschlussarbeit bzw. Dissertation. Die Noten für diese Arbeiten können ebenso aufgeführt werden wie Ihre Gesamtabschlussnote.

Liegt kein Hochschulabschluss vor, nennen Sie alle relevanten Daten bis auf den fehlenden Abschluss. Ehrenerklärungen brauchen Sie auch in diesem Fall nicht abzugeben.

Berufstätigkeit

Diese Rubrik ist bei Hochschulabsolventen naturgemäß schwer zu füllen. Dennoch sollten Sie Ihre **Praktika** und, falls gegeben, auch relevante **(Aushilfs-)Jobs** zur Finanzierung Ihres Studiums mit aufführen, um zu dokumentieren, dass Ihnen die Arbeitswelt nicht fremd ist. Noch besser ist es, wenn deutlich wird, dass Sie Ihre Praktika und Jobs zielgerichtet auf das Sie interessierende Berufsfeld oder gar die infrage kommende Tätigkeit hin ausgewählt haben.

Berufliche und außerberufliche Weiterbildung

Alle Maßnahmen, die Ihre **Kenntnisse und Fähigkeiten unter beruflichem Aspekt vorangebracht** haben, sollten Sie hier aufführen, von dem Erlernen der japanischen Sprache bis hin zum Persönlichkeitsentwicklungsseminar. Manche Kandidaten führen an dieser Stelle auch die Besuche von Fachtagungen und Messen auf. Hier sind Orts- und Zeitangaben nicht bis ins letzte Detail notwendig, die Jahreszahl reicht aus.

Besondere Kenntnisse

Diese Rubrik ist nicht zwingend notwendig, da vieles bereits unter der vorigen Kategorie aufgeführt werden kann. Gleichwohl bietet sie eine gute Chance, auf bestimmte, für die aktuelle Bewerbung relevante Qualifikationen aufmerksam zu machen. Sprach- oder IT-Kenntnisse und spezielle Zertifikate vom Führerschein bis zur Ausbilderlizenz haben hier – wie immer nach sorgfältiger Abwägung – ihren Platz.

Hobbys, Interessen, Engagement und Sonstiges

Es ist erstaunlich, wie viele Bewerber diese Rubrik in ihrer Vita weglassen, obwohl sie dem Leser interessante Informationen liefert. Dieser Abschnitt ist in besonderer Weise dazu geeignet, **Sympathie zu mobilisieren** und wichtige **Anknüpfungspunkte für das Vorstellungsgespräch** zu bieten.

Ob die Mitgliedschaft im Schäferhunde-Verein Sie als sympathisch charakterisiert, wissen wir nicht sicher vorherzusagen; Ihre ehrenamtliche Tätigkeit als Schatzmeister im Golfclub könnte bei der Bewerbung um eine Führungsposition bei einem Lebensversicherer durchaus entscheidende Pluspunkte einbringen. Aktives Musizieren, besondere Sportarten (Mannschaftssport wird anders eingeschätzt als beispielsweise Kampfsport), leidenschaftliches Kochen, Spezialreisen – all das sind thematische Anknüpfungspunkte, die nicht ohne Wirkung bleiben.

Also: Ob ehrenamtlicher Schöffe oder Mitarbeiter der Telefonseelsorge, Sie werden mit derlei Auskünften dazu beitragen, dass man sich ein Bild von Ihnen macht. Semiprofessionelles Schachspielen wird anders aufgenommen werden als leidenschaftliches Angeln. Wenn es Ihnen durch die Auswahl Ihrer dargestellten Hobbys gelingt, Ihr Gegenüber zum Mitschwingen zu bringen, kann das Tür und Tor öffnen. Auch der eine oder andere längere Auslandsaufenthalt sollte hier unbedingt vermerkt werden.

Ort, Datum und Unterschrift

Sie können an dieser Stelle unterschreiben oder erst ein paar Seiten weiter (etwa unter: »Was Sie noch über mich wissen sollten«). Durch die Unterschrift wird die Aktualität des Dokuments betont. Dabei können Ort und Datum auch per PC geschrieben werden, die Unterschrift muss in jedem Fall per Hand erfolgen (möglichst mit blauer Tinte und mit ausgeschriebenem Vor- und Zunamen). Am besten scannen Sie sie ein.

Lebenslauftuning – geht das?

Fast jeder Bewerber stößt beim Versuch, sich schriftlich optimal darzustellen, auf Schwierigkeiten und entdeckt »Makel« im Lebenslauf. Diese können in Form von »Lücken« (Zeitabschnitt ohne Ausbildungs- oder Berufstätigkeit) auftreten oder in Form von »Problemen«, wie beispielsweise einem Studienfachwechsel. Da Personalentscheider den Lebenslauf in der Regel zuerst lesen, führt dies schnell zur Aussortierung der »problematischen« Bewerbungen.

Im Folgenden stellen wir Ihnen kurz die sogenannten negativen Faktoren vor, die in einem Lebenslauf besser nicht vorkommen sollten:

- **»Lücken«:** Zeiten, in denen der Bewerber keine Ausbildung oder berufliche Tätigkeit nachweisen kann. Von einer kleineren Lücke spricht man ab ca. 4 Monaten, ab 8 Monaten von einer größeren.

- **»Probleme«:** Der Bewerber hat zwar mehr oder weniger durchgehend studiert/gearbeitet, sein beruflicher Werdegang weckt beim Leser aber nachteilige Assoziationen: z.B. ein **mehrfacher Wechsel des Studienfaches oder der Uni.**

In vielen Fällen haben Bewerber sowohl Lücken als auch Probleme in ihren schriftlichen Unterlagen, was die »Sonderbearbeitung« aller Daten und deren Darstellung noch dringender macht.

Generell gesagt: Personaler wünschen sich einen lückenlosen Nachweis Ihrer Studien- und Ausbildungszeit und erste oder parallele Berufstätigkeit, die problemlos verlaufen sein sollte. Auch ein sehr langes Studium, ein Abbruch, häufige Orts- und Uni-Wechsel oder ein Wechsel der gesamten Ausrichtung sowie schlechte Noten und eine längere Arbeitspause nach erfolgtem Abschluss senken Ihre Einstellungschancen.

Wenn Sie für einen längeren Zeitraum keine Ausbildungszeit oder Berufstätigkeit im Lebenslauf angeben, neigen Personalentscheider zu Negativinterpretationen wie: Orientierungslosigkeit, Krankheit, Drogenentzug (hauptsächlich Alkohol) oder sogar eine Freiheitsstrafe.

Nicht jede Auszeit hat einen negativen Beigeschmack und braucht deshalb auch nicht kommentarlos übergangen werden, wie z. B. Erziehungs- und Pflegezeiten oder Weltreisen. Selbstverständlich kann eine private Auszeit zur beruflichen Orientierung erwähnt werden. Längere »Lücken« wie mehrere Jahre in der Bundeswehr können auch sehr positiv dargestellt werden. Bestimmte Zeitabschnitte im Berufsleben gehen niemanden etwas an. Es sind genau die Themen, nach denen im Bewerbungsgespräch nicht gefragt werden darf, u. a. Krankheiten, Schwangerschaft, Freistellung wegen Betriebsratstätigkeit und Freiheitsstrafen.

Die einfachsten Lösungen zur Verdeckung von Lücken sind: Zeitspannen mit Jahreszahlen angeben oder mehrere Zeitabschnitte unter einer Überschrift zusammenfassen (so lässt sich der chronologische Ablauf schwerer nachvollziehen und die einzelnen Kategorien bilden ein Erklärungsmuster).

Bei Problemen, die Personaler aus Ihrem Lebenslauf ableiten, liegt die Bewertung wie so oft im Auge des Beurteilers. Dieser mag beispielsweise die Verweildauer an einem Arbeitsplatz auffällig kurz finden, die eher schlechte Zwischenprüfung gnädig übersehen, den Studiengangwechsel so oder so beurteilen, den roten Faden erkennen können oder alles für unzusammenhängend halten. Das Entscheidende bleibt: Gibt es Anlässe, die Ihnen als Problem ausgelegt werden können, bereiten Sie sich vor und überlegen Sie, wie Sie die Argumente der Gegenseite entkräften können.

Überprüfen Sie, ob Sie an alles gedacht haben, und überlegen Sie sich die Präsentation: mit oder ohne Deckblatt, Dritter Seite, Anlagenverzeichnis etc.

 ## Checkliste Lebenslauf

✓ Stimmt die Abfolge der Daten, sind Ihre Angaben vollständig?

✓ Achten Sie darauf, dass Ihre Daten möglichst lückenlos wirken.

✓ Fassen Sie die Daten in sinnvolle Themenblöcke zusammen: Berufstätigkeit, Ausbildung, sonstige Fähigkeiten, Interessen etc.

✓ Treffen Sie **klare Aussagen** bezüglich Ihres **Könnens**, Ihrer **Leistungsbereitschaft** und Ihrer persönlichen **Wesensart**.

✓ Führen Sie all Ihre wichtigen Kontaktdaten auf: Adresse, Handy, E-Mail.

✓ Stellen Sie Ihre verschiedenen Jobs gut und informativ dar; geben Sie dazu die wichtigsten Tätigkeiten an.

✓ Stellen Sie **Ihre Erfolge**, das, was Sie bewirkt/erreicht haben, deutlich heraus.

✓ Lassen Sie einen **roten Faden** in Ihrer beruflichen Ausbildung/ Entwicklung erkennen.

✓ Geben Sie Daten zu Ihrer Weiterbildung an, z. B. Fachmessenbesuche, Kurse, Fachzeitschriften, Auslandsaufenthalte etc.

✓ Führen Sie sonstige Kenntnisse auf, z. B. IT, Sprachen, Führerschein.

✓ Geben Sie etwas zu Ihren **Interessen, Hobbys,** Ihrem **Engagement** an.

✓ Nicht vergessen: **Unterschrift** (immer voller Vor- u. Zuname!), Ort und Datum!

✓ Finden Sie ein schönes Design, eine schöne Form: gut lesbar, die Seite nicht zu voll (Schriftgröße 11 bis 13 Punkt). In Ihren Unterlagen zu blättern soll ein positives Gefühl vermitteln.

✓ Lassen Sie Ihren Lebenslauf kritisch und sehr sorgfältig gegenlesen.

Weitere Bestandteile
Ihrer Bewerbungsunterlagen

Im Folgenden stellen wir Ihnen nun eine Gesamtübersicht der möglichen Komponenten und ihrer inhaltlichen Funktionen vor.

Deckblatt

Für welche Präsentationsform Sie sich auch immer entscheiden, es empfiehlt sich, den Leser Ihrer Unterlagen nicht direkt in den Lebenslauf oder persönlichen Werdegang stolpern zu lassen. Ähnlich wie ein Buch nicht mit dem Inhaltsverzeichnis oder dem ersten Hauptkapitel beginnt, übernimmt bei einer Bewerbung das Deckblatt die **Funktion eines Titelblatts**.

Für das Deckblatt gibt es verschiedene Gestaltungsmöglichkeiten:

- Titel »Bewerbungsunterlagen für die Firma XY von XYZ, Berufsbezeichnung« plus Bewerberadresse inklusive Telefonnummer (der häufigste Fall)
- Nur der Name des Bewerbers ohne weitere Angaben bzw. mit denen des Adressaten
- Oft wird hier das Foto präsentiert
- Auch ein literarisches Zitat in Form eines Mottos ist denkbar

Die Möglichkeiten sind vielfältig, wie unsere Beispiele belegen (ab Seite 210).

Inhaltsübersicht

Eine weitere Variante, mit der Sie Aufmerksamkeit erzielen können, ist eine Inhaltsübersicht ähnlich der aus Büchern. Der Leser wird informiert, was ihn auf den nächsten Seiten erwartet, und kann sich rasch orientieren. Dies lohnt sich jedoch nicht für Bewerbungsmappen, die lediglich zehn Seiten stark sind. Eine Spielart stellt in diesem Fall das **Anlagenverzeichnis** dar, das erst weiter hinten als Eröffnungsseite für den Anlagenteil platziert wird.

Einleitungsseite

Statt mit dem beruflichen Werdegang oder dem komplexen Ausbildungsweg (Realschule, Lehre, zweiter Bildungsweg, Studium etc.) zu beginnen, kann eine Einleitungsseite (Bewerberfoto hier oder später) über die **persönlichen Daten** informieren und kurz mit den wissenswerten **Essentials über den Bewerber** bekannt machen.

Die Seite mit den persönlichen Daten

Diese Seite hat die Funktion, den **Bewerber persönlich vorzustellen**. Neben Name, Beruf, Alter, Geburtsort, Familienstand, gegebenenfalls den Kindern bis hin zu der persönlichen Unterschrift unter dem dann auf dieser Seite platzierten Foto geht es darum, die **Bewerberpersönlichkeit** optimal in Text und Bild zu präsentieren. Häufig werden auch Elemente aus den vorangegangenen Bausteinen auf dieser Seite platziert.

Beruflicher Ausbildungs- / Werdegang / Lebenslauf

Je nach Vorlauf verändert sich der Aufbau dieses zentralen Elementes Ihrer Bewerbungsunterlagen, das wir bereits ausführlich vorgestellt haben. Diesem Baustein sind die anderen Komponenten (z.B. Deckblatt und persönliche Daten) als eine Art Ouvertüre vorangestellt.

Studienschwerpunkte und Thema der Abschlussarbeit

Es kann durchaus sinnvoll sein, auf einer Extraseite die besonderen Schwerpunkte Ihrer Hochschulausbildung darzustellen, um Ihre Eignung für den angestrebten Arbeitsplatz hervorzuheben. Mit Ihrer Abschlussarbeit haben Sie nachgewiesen, dass Sie in der Lage sind, eine schriftliche wissenschaftliche Arbeit anzufertigen, und zugleich eine besondere Kompetenz für ein bestimmtes Thema erworben. Dieses sollten Sie benennen bzw. ausführlicher darstellen, wenn es zu der von Ihnen anvisierten Stelle passt.

Die Dritte Seite

Die »Dritte Seite« bietet zahlreiche Möglichkeiten, der persönlichen Botschaft des Bewerbers Ausdruck zu verleihen. Statt nach dem Lebenslauf die Ausbildungs- und Arbeitszeugnisse einzufügen, schlagen wir Ihnen eine Extraseite für Ihre Botschaft in eigener Sache vor. Dieser Baustein für Ihre Unterlagen, die sogenannte Dritte Seite, hat bereits vielen von uns beratenen Bewerbern eine Einladung zum Vorstellungsgespräch verschafft.

Warum eine Dritte Seite? Die im Bewerbungsanschreiben vorgetragenen Informationen und Verkaufsargumente werden wegen der Vielzahl der eingehenden Bewerbungsunterlagen und des Zeitdrucks oft wenig beachtet bzw. überhaupt nicht gelesen. So überfliegt der Personalentscheider häufig lediglich den Text des Anschreibens, dann wendet er sich der beigefügten Bewerbungsmappe – insbesondere dem Bild des Bewerbers –, seinen Interessen, Hobbys oder sonstigen Kenntnissen sowie den formalen Ausbildungs- und Arbeitsdaten genauer zu. Erst wenn dies geschehen ist und er ein positives Zwischenresultat im Kopf hat, liest er die weiteren Anlagen – meist die Arbeits- und Ausbildungszeugnisse. An diesem Punkt stößt der Personaler auf die Extraseite in Ihren Bewerbungsunterlagen, etwa mit der Überschrift: **Was Sie sonst noch von mir wissen sollten ...**

Dieser Text wird eher neugierig gelesen, insbesondere dann, wenn es Ihnen gelingt, in wenigen kurzen Sätzen das richtige Bild zu vermitteln. **Diese Dritte Seite kann Sie positiv aus der Menge der eingesandten Bewerbungsunterlagen hervorheben und eine echte Chance für Sie als Bewerber darstellen.** Voraussetzung: Sie ist wirklich gut getextet. Wenn nicht, dann besser keine Dritte Seite.

Etwas bekannter (und bereits Bewerbungsstandard) ist an dieser Stelle eine Extraseite mit Publikationen (so Sie welche zu verzeichnen haben), Fortbildungsveranstaltungen, besonderen Arbeitsschwerpunkten oder wichtigen Projekten, von denen Sie denken, dass sie für Sie sprechen.

Manchmal wird von Arbeitgeberseite eine Handschriftenprobe verlangt. Hier kann die Dritte Seite dazu verwendet werden, eine Handschriftenprobe abzugeben und gleichzeitig eine persönliche Botschaft zu transportieren.

Falls Sie auf Papier kommunizieren, empfiehlt sich, das gleiche Papier wie für die vorangegangenen Seiten zu verwenden. In jedem Falle sollte es sich von den folgenden Anlagen (Zeugniskopien etc.) in der Papierqualität deutlich positiv abheben. Bei der digitalen Variante spielt das natürlich keine Rolle.

Die **Überschrift** hat die Funktion, Interesse und Neugierde zu wecken sowie inhaltlich kurz auszusagen, worum es geht. Der Kreativität sind keine Grenzen gesetzt. Überschrift und Text sollten aber zusammenpassen. Eventuell schreiben Sie die Headline per Hand. Am besten ist es, wenn Sie erst Ihre Botschaft formulieren und dann eine geeignete Titelzeile.

Mögliche Beispiele:

- Meine Motivation
- Warum ich mich bewerbe
- Zu meiner Person
- Was Sie noch über mich wissen sollten …
- Ich über mich
- Was mich qualifiziert
- Warum ich?

Inhalt

Was wollen Sie vermitteln und aussagen? Welches Ziel wollen Sie beim Leser erreichen? Die Einladung zu einem persönlichen Gespräch? Sie haben **7 bis maximal 15 Zeilen** zur Verfügung (übliche Schriftgröße, nicht mehr als 60 Anschläge pro Zeile). Hier ist der entscheidende Platz, Ihre Persönlichkeit zu präsentieren.

Aussagen zu Ihrer Person, Motivation oder Kompetenz: Versuchen Sie nicht, zu viele Informationen auf diese Seite zu pressen, das erzeugt einen eher nachteiligen Eindruck. **Inhaltlich** dürfen durchaus **Zusammenhänge** zu Ihrem Lebenslauf, dem Anschreiben oder anderen Dokumenten bestehen. Allerdings darf hier alles etwas **persönlicher und pointierter formuliert** werden.

- Bloße Aufzählungen, in denen Sie mitteilen, dass Sie der/die Größte, Schnellste und Schönste sind, sollten Sie sich schenken. Es geht um eine für den Leser nachvollziehbare Argumentation.
- **Abschluss:** Wir empfehlen, dass Sie die Dritte Seite am Schluss (evtl. mit Ort und Datum) unterschreiben.

Nur bei einem **exzellenten, inhaltlich überzeugenden Text** ergibt eine Dritte Seite Sinn. Überlegen Sie gut und vor allem selbstkritisch: Ist Ihr Text, sind Ihre Botschaften wirklich dazu angetan, den Leser davon zu überzeugen, Sie wenigstens kennenlernen zu wollen?

Das Foto

Ein Foto weckt beim Betrachter auf Anhieb Sympathie – oder Antipathie. Daher ist gerade hier höchste Sorgfalt angezeigt. Denn eines ist sicher: Ihr Lichtbild findet in jedem Fall **Aufmerksamkeit**. Es wird vom Leser sorgfältig betrachtet und einer gründlichen Analyse unterzogen.

1. Die fotografische Qualität

Der Weg zum Fotografen lohnt sich; Passfotos aus dem Automaten sind wesentlich billiger, sehen aber auch so aus. Außerdem führen sie möglicherweise zu Rückschlüssen auf Ihre Persönlichkeit, denn ein unprofessionelles Porträtfoto und/oder ein falsch gewähltes Format werden als eine wenig ausgeprägte Leistungsmotivation, mangelndes Selbstwertgefühl oder Geiz interpretiert. Bitte verwenden Sie **keine alten Fotos, Urlaubsbilder oder Schnappschüsse** von der letzten Familienfeier.

2. Die Wahl von Bildausschnitt und Format

Ein ansprechendes **professionelles Porträtfoto im Format 6 x 4,5 cm** oder etwas größer ist ratsam. Sie können Hoch- oder Querformat verwenden. Bitte verzichten Sie auf Postkartengröße – sonst wird man Ihnen vielleicht Narzissmus unterstellen. Statt der typischen »Kopf-und-Kragen«-Fotos wie beim Passbild bietet sich die Möglichkeit an, **Arme, Hände und Oberkörper mit aufs Bild zu bringen** – unter Umständen sogar in einer Arbeitssituation. Interessante Gestaltungsideen finden Sie in Zeitschriften wie manager magazin oder Capital. Schauen Sie sich an, wie die sogenannten Wirtschaftsköpfe porträtiert werden.

Übrigens: Wir empfehlen **Schwarz-Weiß-Fotos**, denn diese sind in der Regel **dezenter und seriöser**. In einer Untersuchung hat man herausgefunden, dass auf Schwarz-Weiß-Fotos präsentierte Personen von Betrachtern als sympathischer eingeschätzt wurden als die gleichen Personen in Farbe. Offenbar veranlassen einen Schwarz-Weiß-Fotos eher, eine positive gedanklich-emotionale Attribution vorzunehmen, sich die Person als sympathisch auszumalen und sich die fehlende Farbe (im doppelten Wortsinn) positiv und angenehm vorzustellen!

3. Die Kleidung, mit der Sie sich beim Fototermin präsentieren

Zum Fototermin sollten Sie **berufsangemessene Kleidung** tragen. Denken Sie daran, dass der Eindruck, den Sie auf dem Foto machen, gewertet und interpretiert wird. Vom offenen Hemdkragen ist daher ebenso abzuraten wie vom offenherzigen Dekolleté. Nehmen Sie sich eventuell mehrere Outfits mit, falls Sie sich für unterschiedliche Positionen bewerben. Der professionelle Fotograf kann dann beurteilen, was auf dem Foto am besten rüberkommt.

4. Ihre Frisur oder Ihr Make-up

Frauen sollten eher dezent geschminkt sein (ggf. Puder/Schminke mitnehmen!), Männer (wenn sie nicht Bartträger sind) gut rasiert, Haare, Frisur, Bart etc. gepflegt.

5. Ihre eventuell auf dem Foto sichtbaren Accessoires wie Brille oder Schmuck

Verzichten Sie auf viele Accessoires, die von Ihrem Gesicht ablenken, besonders, wenn Sie Brillenträger sind. Kette, Ohrringe, Haarspange und Tuch sind in jedem Fall zu viel; setzen Sie eher auf Qualität als auf Quantität. Vorsicht bei extremen Tattoos oder Piercings.

Lassen Sie sich mehrmals (ggf. in verschiedenen Outfits, mit unterschiedlicher Frisur) fotografieren und legen Sie die Bilder einigen Freunden und Bekannten vor. Welchen Bewerber/welches Bewerberfoto würden diese wählen, wenn sie eine bestimmte Position zu vergeben hätten?

Kommen Sie gut gelaunt, möglichst ausgeschlafen und vor allem nicht abgehetzt zum Termin! Sie vermitteln so auf dem Foto eine **positive Grundstimmung**.

Wenn Sie sich mit einer papierenen Bewerbungsmappe bewerben, kleben Sie das Foto (mit Ihrem Namen auf der Rückseite) auf die von Ihnen ausgewählte Seite (Deckblatt, Lebenslauf etc.). Nicht klammern oder gar heften. Viel besser jedoch: Scannen Sie es ein und drucken Sie es aus. Das ist heutzutage absolut akzeptiert.

Ein außergewöhnliches Format, ein dunkler Hintergrund und ein leicht angeschnittener Kopf machen dieses Bild zum Hingucker und transportieren viel Sympathie.

Die gleiche Kandidatin, deutlich helleres Foto in ebenso außergewöhnlichem Format. Kopf leicht angeschnitten, sehr freundliches Gesicht!

Etwas zurückhaltender, freundlicher Gesichtsausdruck, klassisches Format, aber deutlich angeschnitten. Schaut den Betrachter sehr direkt an!

Ein eher klassisches Bildformat, heller Hintergrund, sehr stark angeschnittener Kopf – dieses Foto kann man nicht überblättern.

Freundliches und helles Foto in einem klassischen Format. Der Kandidat wirkt sehr sympathisch; er ist dem Betrachter direkt zugewandt.

Außergewöhnliches, fast quadratisches Format mit angeschnittenem Bildausschnitt. Ein bezauberndes Lächeln der Kandidatin, ein garantierter Hingucker.

Referenzen

Sie benennen jemanden, der als Ihr **Fürsprecher** auftritt und bestätigt, Sie seien so und so, für diesen Job genau der Richtige. Das könnte ein **Hochschulprofessor** sein, ein **Vorgesetzter** im Rahmen einer Berufs- oder Praktikumstätigkeit oder eine Person, die **öffentliche Autorität** und/oder Kompetenz (Bürgermeister, Vorsitzender eines wichtigen Vereins oder einer Institution, Pfarrer etc.) genießt.

Unsere Empfehlung: Geben Sie nur Referenzen an, wenn diese wirklich »zugkräftig« sind, andernfalls sollten Sie dies dem Leser Ihrer Bewerbungsunterlagen ersparen.

Auslandsaufenthalte

Interkulturelle Kompetenz und **Sprachkenntnisse** zählen zu den bevorzugten **Schlüsselqualifikationen**. Belege über Auslandsaufenthalte gehören, insbesondere wenn fachbezogen, ausführlich beschrieben in Ihren Lebenslauf. Falls Sie Zeugnisse, Bescheinigungen, Empfehlungen davon besitzen, fügen Sie diese Ihren Bewerbungsunterlagen hinzu.

Arbeitsproben

Zu diesem Zeitpunkt der Bewerbung sind Arbeitsproben meist kein Thema. Ebenso wenig wie ein Konditor eine von ihm kreierte Torte in die Bewerbungsunterlagen hineinlegen kann, wird ein frischgebackener Architekt die Zeichnungen für ein von ihm entworfenes Haus mitsenden können. Auch Fotos eventuell produzierter Dinge sind nicht immer eine angemessene Lösung.

Erlegen Sie sich daher Zurückhaltung auf – es sei denn, es erscheint Ihnen angemessen, auf bestimmte Dinge hinzuweisen, die Sie initiiert oder geschaffen haben (etwa Buchpublikationen oder Fachartikel, unter Umständen auch Ihre Abschluss- und/oder Promotionsarbeit, eines Ihrer Produkte, Arbeiten, die einen Fachpreis erhalten haben usw.).

Anlagenverzeichnis

An dieser Stelle folgen die typischen im Anhang mitgelieferten Kopien von Ausbildungsabschlüssen, Fortbildungszertifikaten und – besonders wichtig – die Praktikums- oder Arbeitszeugnisse. Ein **Verzeichnis der Anlagen** ist sinnvoll und leserfreundlich, sobald Sie **mehr als sechs Unterlagen** beilegen (bitte nie Originale!).

Anlagen: Die Zeugnisse

Das Schulabschlusszeugnis und – wenn vorhanden und sinnvoll – Praktikums- und Arbeitszeugnisse sowie das Hochschulabschlusszeugnis dürfen auf keinen Fall fehlen. Praktikumszeugnisse weisen aus, dass Sie (etwa wenn das Praktikum zum Studium gehörte) nicht nur erfolgreich studiert haben, sondern in einem bestimmten Bereich bereits praktische Arbeitserfahrungen sammeln konnten.

Auch wenn Ihr Praktikumszeugnis nicht direkt zu den von Ihnen angestrebten Arbeitsaufgaben passt, aber deutlich macht, dass Sie bei gefragten Schlüsselqualifikationen einiges zu bieten haben, sollten Sie es beifügen.

Profil statt CV

Wenn Sie von Ihren Fähigkeiten, von Ihren Leistungspotenzialen und persönlichen Qualitäten überzeugen wollen, ist es hilfreich, Ihrem potenziellen Arbeitsplatzanbieter (Auftraggeber, Probleminhaber, dem Sie Ihre Mithilfe anbieten wollen) zu verdeutlichen, dass Ihre ausbildungstechnische und berufliche Entwicklung kein Zufallsprodukt ist. Beeindruckend wäre ein Bild, das Sie als sich beständig beruflich weiterentwickelnden Menschen zeigt, der (wahrscheinlich bald) genau über die Problemlösungskompetenz verfügt, die für die zu besetzende Position gebraucht wird. Sie gewinnen an Glaubwürdigkeit, wenn Sie Ihren Werdegang so darstellen können, dass Sie dem Empfänger Ihren kontinuierlichen Kompetenz- und Leistungszuwachs gut nachvollziehbar vermitteln.

Zusammenhänge: der rote Faden

Wie ist das zu erreichen? Von besonderer Wichtigkeit ist hier die gedankliche Vorarbeit. Wie gelingt es Ihnen, Ihren Werdegang so darzustellen, dass sich daraus eine Art roter Faden ergibt, der Ihr Kommunikationsziel, Ihre Botschaften und Argumente (siehe Seiten 63–66) optimal herausstellt?

Dieser erste, nicht ganz einfache Schritt setzt voraus, dass Sie sich sehr intensiv mit den Fragen auf Seite 35 auseinandersetzen. Unserer Einschätzung nach tun das weniger als 10 Prozent aller Bewerber! Hierin liegt für Sie eine große Chance.

Viele unserer Kunden kommen zu uns in die persönliche Beratung und berichten, dass sie sich wirklich bemüht haben, jedoch keinen – so ihre eigene Einschätzung – richtigen Erfolg in der Entwicklung eines roten Fadens hatten. Zugegeben, nicht immer ist dieses Vorhaben ganz einfach. Aber Sie sollten zumindest eine genaue Vorstellung haben, was das **Kommunikationsziel** sein soll, mit welchen **Botschaften oder Aussagen** Sie dies vermitteln wollen und welche Argumente, welche Geschichten aus Ihrer Lern- und Arbeitswelt dies unterfüttern. Der nächste Schritt besteht dann darin, Ihr **Alleinstellungsmerkmal** (USP) – das, was Sie von anderen Berufsvertretern positiv unterscheidet – auf den Punkt zu bringen.

Stellenbörsen im Internet bieten meist die Möglichkeit, einen Lebenslauf bzw. ein Profil in ihre Bewerberdatenbank einzustellen. Auch beim Erstkontakt mit einem Unternehmen können Sie wählen, ob Sie einen Lebenslauf oder ein Profil, eventuell sogar beides schicken.

Unterschiede: Lebenslauf und Profil

Im Unterschied zum Lebenslauf ist das **Profil eine komprimierte Darstellung** der wichtigsten Merkmale Ihres Mitarbeitsangebotes, unabhängig von vergangenen Zeiträumen und ehemaligen Auftrags- und Arbeitgebern.

Ein (Bewerber-)Profil hat also vor allem die spezielle Funktion, ein besonderes Nutzenangebot, Ihr **Alleinstellungsmerkmal**, das Sie positiv von anderen Bewerbern unterscheidet, **kurz und knapp zu vermitteln**. Ihr Profil sollte möglichst komprimiert Auskunft darüber geben, was Sie aktuell leisten können (und bereits geleistet haben), um einen Auftraggeber/Personalentscheider sicherer abschätzen zu lassen, ob er Ihnen die neue Aufgabe zutrauen kann. Das macht Ihr »Lebenslauf« zwar auch, aber in anderer Form: Darin stellen Sie alle Stationen aus Ihrer Ausbildung sowie Ihren Praktika und Nebenjobs dar. Bei beiden geht es um den Nachweis Ihrer speziellen Kompetenz, hohen Leistungsmotivation und besonderen Persönlichkeit.

Ein aussagekräftiges, komprimiertes Profil, das Sie auch ohne weitere Anlagen nur mit einem kurzen Anschreiben verschicken können, gibt Ihnen die Möglichkeit, sich **positiv aus der Masse der Bewerber abzuheben**!

Inhalt

Ihr Profil bildet die wichtigsten »Marker« ab, die erkennen lassen, dass Sie für die zu besetzende Position, die anstehenden Probleme, Aufgaben etc. die geeignetste Person sind. **Ihr Profil sollte also sehr genau auf die Position oder für die Art der Problemlösungen, für die Sie sich bewerben, ausgerichtet sein.**

Umfang

Alles, was Sie für diese Aufgaben besonders qualifiziert, notieren Sie. Alles andere lassen Sie weg. Auch an dieser Auswahl erkennt der Leser, mit wem er es zu tun hat! Ihr Profil sollte deshalb **nicht mehr als eine, maximal bis zu zwei Seiten umfassen**.

Zur Form

Für Ihr Profil gelten die gleichen Layout-Regeln wie für den Lebenslauf. Unter der Überschrift »Profil« folgen zwei Spalten: links die Überschriften, rechts die dazu passenden Inhalte. Übrigens ist es nicht üblich, das Profil zu unterschreiben! Die folgenden Punkte sind eine Anregung, es gibt keine feststehenden Themen, aus denen sich Ihr Profil zusammensetzt:

- Vor- und Zuname, Geburtsdatum/Ort
- Berufsbezeichnung
- Kontaktdaten (nur die wichtigsten)
- Ausbildungshintergrund
- Schwerpunktkenntnisse und Erfahrungen (das ist sehr wichtig!)
- durchgeführte Projekte und erzielte Erfolge (hier steht am meisten!)
- ggf. berufliche Auslandsaufenthalte
- Weiterbildung und Seminare
- ggf. Mitgliedschaften in Verbänden und Fachgremien
- Sprachkenntnisse
- IT-Kenntnisse
- Führerscheine/Lizenzen
- ggf. Veröffentlichungen, Vorträge
- ggf. Lehr- und/oder Prüfungs- und/oder Gutachtertätigkeit
- Interessen, Engagements, Hobbys

Ihr Bewerbungsanschreiben

Immer wieder ist in traditionellen Bewerbungsratgebern zu lesen, das Anschreiben sei der Türöffner für eine Einladung zum Vorstellungsgespräch. Diese zentrale Bedeutung kommt ihm jedoch heutzutage bestimmt nicht mehr zu. **Wirklich relevant sind die Gestaltung und der Inhalt Ihrer Bewerbungsunterlagen** – insbesondere der **Lebenslauf** bzw. berufliche/ausbildungstechnische Werdegang. Trotz dieser Akzentverschiebung sollten Sie auch das Bewerbungsanschreiben mit viel Sorgfalt und Präzision erstellen. Beim digitalen Versand kommt noch eine weitere Verunsicherung hinzu: Was schreibt man in die E-Mail-Maske und muss dann noch ein separates Anschreiben neben dem Lebenslauf als Datei beigefügt werden? Hierzu finden Sie unsere klaren Empfehlungen ab Seite 172.

Das Anschreiben als Visitenkarte

Stellen Sie sich vor, die Deutsche Bank bietet Jungakademikern Trainee-Plätze an und erklärt in ihrer Stellenanzeige in einer großen Zeitung, nicht nur für wirtschaftswissenschaftliche Hochschulabsolventen offen zu sein. Schon nach etwa einer Woche sind daraufhin mehr als 500 klassische Bewerbungen auf dem Postweg eingetroffen (die man wieder loszuwerden versucht, denn diese Bank hat wie andere Großkonzerne auch ein Programm eingekauft, das digital angeblich die Spreu vom Weizen trennen kann) und, was die Personaler erfreut: etwa dreimal so viele digitale Bewerbungen. Wie sollen die Personalreferenten bloß effizient mit dieser **Papier- und Datenflut** fertigwerden? Nicht selten werden die Anschreiben ungelesen zur Seite gelegt oder gar nicht geöffnet, zumal viele Anschreiben weitschweifig und uninteressant formuliert sind.

Interessanter sind also anfangs die Unterlagen in der Mappe mit den Schwerpunkten Foto, persönliche Daten, aktuelle Situation, Hobbys, Ausbildung, beruflicher Werdegang. Daran sollte der Auswähler sich möglichst festlesen, weil Ihre dramaturgisch geschickt präsentierten Bewerberunterlagen **Spannung erzeugen** und den Wunsch nach mehr Information wecken.

Gleichwohl ist auch das Anschreiben ein weiterer Beweis Ihrer beruflichen und persönlichen Qualifikation und Kompetenz. Wichtig für Sie zu wissen: Es wird **nicht unbedingt zuerst gelesen**. Seine Konzeption und Ausführung sollte daher erst erfolgen, wenn Ihre Bewerbungsunterlagen bereits komplett vorliegen. Wie die Ouvertüre einer Oper greift das Anschreiben das Hauptthema auf und sorgt für die richtige Einstimmung bzw. besser, weil viel häufiger: für die Zusammenfassung des Lebenslaufes – da es meistens erst an zweiter Stelle gelesen wird.

In der Kürze …

Auch das Bewerbungsanschreiben kann Ihrem potenziellen Arbeitgeber Anhaltspunkte dafür bieten, wie Sie später voraussichtlich arbeiten werden: ob sorgfältig oder nachlässig, organisiert oder chaotisch, recht verschnörkelt oder ziemlich klar. Ihre Chancen, den gewünschten Arbeitsplatz zu bekommen, steigen in dem Maße, wie Sie schriftlich beweisen, dass Sie **klar formulieren und überzeugend darstellen** können. Gerade im Anschreiben sollten Sie dies in der gebotenen Kürze tun.

Ein Punkt, der oft unterschätzt wird: Eigenwerbung benötigt Zeit. Für ein (erstes) Anschreiben sind ca. drei bis sechs Stunden aufzuwenden. Routinierte Bewerber schaffen es in einem Bruchteil der Zeit. Aber Sie wissen ja bereits: Sich um Arbeit zu bewerben macht wirklich eine Menge Arbeit.

Sie sollten **drei alternative Anschreiben** entwickeln, um diese dann Ihrer privaten »Personalkommission« vorzulegen. Durch **Tipps und kritische Anregungen von anderen** lässt sich das Schreiben verbessern und von Mal zu Mal überzeugender gestalten. Es kommt gerade in einem so kurzen Schriftstück auf jedes Wort und jedes Komma an.

Aus einem früheren Kapitel kennen Sie ja bereits die **AIDA-Formel** (siehe Seite 125). Dieses Modell erweist Ihnen auch als Leitlinie für die Anfertigung Ihres Bewerbungsanschreibens gute Dienste. Sie müssen schnell **Aufmerksamkeit und Interesse wecken**, um die beiden nächsten Ziele zu erreichen: den Wunsch, in Ihren Unterlagen weiterzulesen, und am Ende – bei erneutem, jetzt genauerem Lesen des Anschreibens – jene komprimierte Botschaft wiederzuerkennen, die letztlich zu einer Einladung zum Vorstellungsgespräch führt.

Am besten ist ein Anschreiben von deutlich weniger als einer vollge-
schriebenen Seite. Optimal sind **acht bis zwölf Sätze.** Maximal vertret-
bar ist eine ganze Seite – aber nur, wenn Sie etwas wirklich Wichtiges zu
vermitteln haben. Mit mehr als einer Seite erzeugen Sie beim Leser Unge-
duld. Mit drei oder mehr Seiten sind Sie mit Sicherheit aus dem Rennen.

Inhalt und Abfolge

In Ihrem Anschreiben kann die Anrede »Sehr geehrte Damen und Herren« bereits einen groben Fehler darstellen, besonders wenn aus der
Stellenanzeige hervorgeht, dass eine bestimmte Person die Bewerbungen entgegennehmen wird. An sie oder ihn sollten Sie das **Anschreiben
immer namentlich adressieren.** Ein allgemeines »Damen und Herren«
könnte von Ihrem potenziellen neuen Arbeitgeber zu Recht als Nachläs-
sigkeit oder gar als Missachtung gedeutet werden.

Es empfiehlt sich generell, das Bewerbungsanschreiben persönlich zu adressieren (auch bei Initiativbewerbungen!), beispielsweise mit Bezug auf
das vorab geführte Telefongespräch. Entscheidend ist, dass Sie Ihren Brief
zusammen mit den anderen Unterlagen so präzise wie möglich an den
Auswähler adressieren. Dieser stellt nicht zuletzt die Weiche in Richtung
Vorstellungsgespräch. **Versuchen Sie im Anschreiben deutlich zu machen, warum Sie der richtige Kandidat für die zu besetzende Stelle
sind.** Was sind Ihre **Qualifikationen und Qualitäten,** die den im An-
zeigentext (so vorhanden) genannten Anforderungen entsprechen? Von
08 / 15-Anschreiben, die verschickt werden wie eine Massensendung,
nehmen Sie besser Abstand.

Für einen optimalen Eindruck sollte Ihr Bewerbungsanschreiben folgende Aspekte beinhalten:

- Warum bewerben Sie sich?
- Was haben Sie anzubieten?
- Wo stehen Sie jetzt?
- Was sind Ihre Ziele?

Antworten auf diese Fragen müssen aus Ihrem Anschreiben ebenso klar wie knapp hervorgehen. Der Leser sollte schnell wissen, warum er sich in einem Vorstellungsgespräch näher mit Ihnen beschäftigen sollte.

Alles hängt von einem gelungenen Anfang ab. Jeder Journalist muss seine Leser am besten bereits mit dem ersten Satz neugierig machen, fesseln und zum Weiterlesen verführen. Leser sind ungeduldig, ganz besonders Personaler, die sich durch einen Berg von Bewerbungsunterlagen hindurcharbeiten. Gestalten Sie den Einstieg zu Ihrem Bewerbungsanschreiben deshalb so, dass Ihr potenzieller Arbeitgeber dranbleiben will. »Hiermit bewerbe ich mich um ...« oder »Ich beziehe mich auf Ihre Anzeige ...« sind stereotype, langweilige Einstiegssätze. **Als Richtlinie für den Anfang gilt: Spannung erzeugen – Interesse wecken – Freundlichkeit vermitteln!**

Personalauswähler werden in der Regel mit standardisierten Anschreiben überhäuft, die sie wenig motivieren, sich mit Ihrem Brief zu beschäftigen. Diese Barriere gilt es zu überwinden. Ein richtig geführtes **Vorabtelefonat**, auf das Sie in Ihrem Schreiben Bezug nehmen, ist ein Weg, in Ihren **Einleitungszeilen etwas besonders Persönliches mitzuteilen**. Je mehr persönliche Ansprache Sie im Auftaktteil Ihres Anschreibens vermitteln, desto mehr positive Aufmerksamkeit können Sie für Ihr Anliegen erwarten.

Im Hauptteil Ihres Briefes liefern Sie alle substanziellen Informationen. Hier müssen Sie kurz und prägnant deutlich machen, warum Sie sich bewerben und weshalb gerade Sie der ideale Bewerber sind. Vermitteln Sie, dass Sie das **Anforderungsprofil der zu besetzenden Position erfüllen**. In diesem Abschnitt Ihres Bewerbungsanschreibens muss beim Adressaten der Wunsch entstehen, Sie zu einem persönlichen Gespräch einzuladen. Erzeugen Sie Interesse an Ihrer Person sowie an Ihren (Problemlösungs-)Fähigkeiten und machen Sie deutlich, von welchem Wert Sie für die Bedürfnisse des Unternehmens und damit auch des Lesers Ihres Anschreibens sein können.

Wenn es Ihnen darüber hinaus gelingt, sprachlich gut zu formulieren und sich vielleicht auch sicher in der **Fachterminologie des Empfängers** zu bewegen (dabei aber nicht übertreiben), finden Sie leichter »Gehör«.

Am Ende des Briefes sollten Sie ebenfalls nicht in Plattheiten abgleiten, sondern einen **freundlich-verbindlichen Schlusston** setzen. Beenden Sie Ihren Brief mit

- der Bitte um ein persönliches Gespräch,
- der Grußformel, Ihrer Unterschrift und
- dem Hinweis auf die Anlagen.

Bringen Sie zum Ausdruck, dass Sie sich über die Einladung zu einem Vorstellungsgespräch freuen.

Nutzen Sie die Gelegenheit, durch ein **PS** nochmals auf sich und Ihr Anliegen hinzuweisen. Aufmerksamkeitsanalysen haben ergeben, dass auf einer Briefseite das Postskriptum nach der Betreffzeile (oder einer anderen Überschrift) die größte Beachtung findet. Führen Sie hier am besten einen Aspekt an, der Ihnen einen **zusätzlichen Pluspunkt** bringt.

Briefgestaltung nach DIN 5008

Seit 2006 gibt es eine **neue DIN-Norm**, die die formale Gestaltung von Briefen – also auch dem Anschreiben – regelt. Hier die wichtigsten Auszüge: Es wird im **Anschriftenfeld** keine Leerzeile zwischen Name / Straße und Ort mehr eingefügt.

Beim **Datum** kann man wählen zwischen der numerischen und der alphanumerischen Schreibweise. Zudem sind die numerisch nationale (26.04. 2017) und die numerisch internationale Variante (2017-04-26) möglich. Bei einstelligen Tages- und Monatsziffern wird bei der numerischen Schreibweise immer eine Null vorangestellt. Bei der alphanumerischen Schreibweise schreiben Sie den Monat in Buchstaben (26. April 2017).

Telefonnummern werden in Ortsvorwahl und Anschluss gegliedert. Die Durchwahl wird durch einen Bindestrich von der Hauptwahl getrennt: 0511 1234-567. Bei einer internationalen Nummer wird die Landesvorwahl, z. B. +49, vorangestellt und die Null der Ortsvorwahl weggelassen: +49 511 1234-567.

Schematisch stellt sich das Ganze dann etwa so dar wie auf der folgenden Seite.

(1 Leerzeile)
Vorname, Name   Ort, Datum
Straße, Hausnummer
Postleitzahl, Ort
Vorwahl/Telefonnummer   (besser: eigenes Briefpapier oder PC-Gestaltung)

(4)
Firmen-/Institutionsname
z. Hd. Frau/Herrn ...
Straße, Hausnummer/Postfach
Postleitzahl, Ort

(3-4)
Bezugszeile (»Betr.:« zu schreiben ist heute absolut unüblich!)

(2-3)
Anrede (wenn nicht namentlich bekannt: »Sehr geehrte Damen und Herren«,
besser jedoch: telefonisch herausfinden! Ggf. den Namen der ranghöchsten
Person und darunter:
»Sehr geehrte Damen und Herren«)

(1)
Text (wie oben beschrieben)
(nicht zu lange Sätze, mit Absätzen strukturieren)

(1)
Grußformel (üblich: »Mit freundlichen Grüßen«)

(2-3)
Unterschrift (Vor- und Nachname)
(Warnung vor dem Grafologen: keine Autogramme schmieren;
Namen nicht maschinenschriftlich wiederholen!)

(2-4)
evtl. Postskriptum

(2-4)
Anlagen
(beigefügte Unterlagen brauchen nicht mehr einzeln aufgeführt werden)

Adrian Mooster, M. Sc. BWL
Ziegelstraße 9
73033 Göppingen

Tel.: 07161 221 837 92
Mobil: 0172 23 24 25
E-Mail: A.Mooster@gmx.de

PRO-Finanz GmbH
Herrn Andreas Neumann
Melanchthonstr. 23
44143 Dortmund

**Ihre Anzeige vom 19.09.2017 in der Frankfurter Allgemeinen Zeitung
Bewerbung als Trainee Marketing / Vertrieb**

Göppingen, 23. September 2017

Sehr geehrter Herr Neumann,

vielen Dank für das freundliche Telefonat am heutigen Vormittag.
Wie besprochen erhalten Sie anbei meine vollständigen Bewerbungsunterlagen.

Im März habe ich mein **Studium der Betriebswirtschaftslehre an der LMU München**
erfolgreich mit dem **Master of Science** abgeschlossen.

Zurzeit bin ich als Hospitant in einem führenden Unternehmen im Segment des
Financial Consulting privater Investoren tätig – geschätzter Umsatz ca. € 100 Mio.
Dieses Gebiet ist außerordentlich reizvoll und spannend, da es neben fundierter
Sachkenntnis höchste Konzentration und Mut zur Entscheidung verlangt.

Der Schwerpunkt meiner Begabung und meines Interesses liegt in der
effektiven und objektiven Kundenberatung sowie in der **Neukundenakquisition**.

Auf der Suche nach einem Berufseinstieg bin ich sehr interessiert, Ihr Unternehmen
und das für mich attraktive Aufgabengebiet Verkauf und Marketing kennenzulernen.
Ferner möchte ich auch aus persönlichen Gründen mein Wirkungsfeld sehr gerne
nach Dortmund verlegen.

Über die Einladung zu einem Vorstellungsgespräch freue ich mich.

Mit freundlichen Grüßen aus Göppingen

Anlage

**Kommentar zum Anschreiben von Adrian Mooster,
Hochschulabsolvent BWL**

- sehr gewagtes Layout für diese Branche
- inhaltlich in klassisch-konservativem Schreibstil
- aufmerksamkeitssteigernd, angenehm kurzer Umfang
- **TIPP** gute grafische Hervorhebungen durch Unterstreichungen

Bevor Sie Ihre Bewerbung abschicken, prüfen Sie bitte, ob Sie an alles gedacht haben:

 ## Checkliste Anschreiben

✓ Gestalten Sie Ihren **persönlichen Briefkopf** schön und vollständig. Dazu gehören Name, Anschrift, Adresse, Telefon, ggf. Handy und E-Mail-Adresse.

✓ Formulieren Sie eine ansprechende **Betreffzeile** (aber bitte ohne »Betr.«), die klar darüber Auskunft gibt, worum es geht.

✓ Finden Sie möglichst einen **Empfänger** heraus, den Sie direkt anschreiben/ansprechen können. Darunter können Sie ggf. eine allgemeine Ansprache platzieren. Beispiel:
Sehr geehrter Herr Maier,
sehr geehrte Damen und Herren,

✓ Gestalten Sie Ihr Anschreiben **leserfreundlich** (Schriftgröße 11–13 Punkt, Schrifttyp nicht zu ausgefallen, Seitenrand angemessen breit, ca. 4 cm links, ca. 3 cm rechts), eher kurz mit einigen Absätzen.

✓ Finden Sie einen netten, nicht zu langen **Einstieg**, gefolgt von Ihrer **Motivation** und Ihrem **Leistungs- und Mitarbeitsangebot.**

✓ Verdeutlichen Sie, **wofür Sie stehen** – beruflich, aber auch als Mensch und zukünftiger Mitarbeiter.

✓ Machen Sie sich interessant, sodass der **Leser neugierig auf Sie** wird.

✓ Wählen Sie eine **sympathische Abschluss-Grußformel.**

✓ Haben Sie das Anschreiben **unterschrieben** (Vor- und Zuname, keine maschinenschriftliche Wiederholung)?

✓ Überlegen Sie sich evtl. ein sinnvolles **PS**, einen echten Hingucker.

✓ Denken Sie an die **Anlagen** (allein das Wort »Anlagen« unten reicht bereits).

✓ Das Anschreiben kommt **vor Ihren Lebenslauf** sowohl in der digitalen als auch in der klassischen Version.

✓ Lassen Sie Ihr Anschreiben kritisch und sehr sorgfältig **gegenlesen**.

ZUSAMMENGEFASST

Lebenslauf und Anschreiben

- **Erfolgreiche Bewerbungen leben von einem stabilen Fundament und einem kleinen Tick Andersartigkeit. Das Fundament bildet ein sorgfältig getexteter, gut gestylter Lebenslauf mit klaren Botschaften und einem sympathischen Foto.**

- Ein auf den Punkt gebrachtes Anschreiben hilft, darf aber in seiner Funktion nicht überschätzt werden. Der Lebenslauf (CV) stellt die Weichen.

- **Stichwort Selbstmarketing: Wer heute als Kandidat auf dem Arbeitsmarkt erfolgreich sein will, muss sich von den Mitbewerbern deutlich abheben. Es geht um Ihr Alleinstellungsmerkmal. Bewerber verkaufen ihr (Problemlösungs-)Können. Entscheidend ist aber die vom Auswähler zugeschriebene Trias aus Sympathie, Vertrauen und das daraus resultierende Zutrauen in die Problemlösungsfähigkeiten, die anhand von »Arbeitsproben im PDF-Format« oder Links zur eigenen Homepage mit weiteren Informationen untermauert werden können.**

DIGITAL & ONLINE BEWERBEN

Formen der digitalen Bewerbung

Wichtig zu begreifen ist, dass hier **zwei Hauptformen** zu unterscheiden sind. **In beiden Fällen werden Ihre Unterlagen digital aufbereitet;** Sie versenden sie dann entweder per E-Mail und / oder Sie füllen ein Onlineformular aus.

Hier geht es zunächst um den Unterlagenversand per E-Mail. Dieser erfordert eine klar durchdachte Struktur und eine von Ihnen gestaltete Präsentation, wie wir sie Ihnen (ab Seite 128) vorgestellt haben. Bei der zweiten Form, dem sogenannten **Online-Bewerbungsformular**, gibt das Unternehmen Ihnen Fragen auf, die Sie zu beantworten haben, und damit ist die Struktur vorgeschrieben. In der Regel werden Sie aber selbst bei diesem Verfahren dazu aufgefordert, zusätzlich Ihren Lebenslauf und sogar oftmals auch ein An- oder Motivationsschreiben als Datei beizufügen.

Der Trend ist eindeutig, immer mehr Unternehmen fordern zunächst digitale Bewerbungen statt der klassischen Bewerbungsmappe aus Papier. Bei Computer- oder IT-Firmen treffen inzwischen nahezu 100 Prozent der Bewerbungen per E-Mail ein. Über 70 Prozent der deutschen Großunternehmen bevorzugen Onlinebewerbungen, in traditionellen Firmen sind es schon knapp 50 Prozent. Der Anteil wächst stetig, denn die Argumente für eine Bewerbung per Internet sind stark: unschlagbar **schnell und preiswert.**

Weitere Vorteile für den Personalentscheider:
- keine Aktenverwaltung (keine Lagerung bzw. Rücksendung)
- Unterlagen lassen sich parallel an mehrere Entscheider weiterleiten
- bei standardisierten Online-Bewerbungsformularen leichtere, weil digital gesteuerte Vorauswahl

Auch für den Bewerber hat dieses Vorgehen gewisse Vorteile:
- Anlagen müssen nur einmal professionell eingescannt werden, statt Hunderte von Kopien zu machen
- keine teuren Mappen nötig
- professionell gemachtes Foto mehrfach verwendbar

Dennoch: Im Zweifel sollten Sie besser vorher abklären, ob vonseiten des Unternehmens eine E-Mail-Bewerbung die bevorzugte Form der ersten schriftlichen Kontaktaufnahme ist, bevor Sie sich an die digitale Übersendung Ihrer Unterlagen machen. Ist die Erwartungshaltung des Unternehmens unklar, entscheiden Sie sich lieber für die klassische ausgedruckte Bewerbungsmappe.

Wichtig: Bei Bewerbungen über das Internet gilt mindestens das gleiche Sorgfaltsprinzip wie beim klassischen Weg auf Papier. Arbeiten Sie genau, recherchieren Sie gründlich und vermeiden Sie technische Fallen. Nur so werden Sie Punkte sammeln und besser sein als viele Ihrer Konkurrenten.

Wir stellen Ihnen nun die E-Mail-Bewerbung und die Bewerbung mithilfe von Onlineformularen auf Firmen-Websites näher vor. Außerdem gehen wir auf weitere Formen der Onlinebewerbungen ein: die eigene Website und den Blog.

Die E-Mail-Bewerbung

Bei einer E-Mail-Bewerbung gibt es **keine definierten Standards.** Die Ihnen bekannten drei Elemente **Anschreiben, Lebenslauf und Zeugnisse** kommen hier genauso zum Einsatz wie bei der klassischen Papier- und Postvariante. Die meisten verstehen unter einer E-Mail-Bewerbung ein **kurzes Anschreiben im Textfeld des E-Mail-Programms.** Dazu kommen im Anhang ein ausführliches Anschreiben und der Lebenslauf. Entscheidend: Auch hier gibt es einen Ermessensspielraum; eine Vorschrift, wie was zu machen ist, was alles dazugehört und was nicht, existiert nicht. Die Geschmäcker sind verschieden und wie üblich entscheiden Sie für sich, was Sie Ihrem potenziellen »Kunden« anbieten wollen.

Wer sich auf digitalem Weg um einen Job bewirbt, sollte sich kurzfassen. Niemand will beim Herunterladen lange warten und zig Dateianhänge öffnen und lesen, um letztlich zu entscheiden, ob der Kandidat vielleicht infrage kommt oder nicht. Die E-Mail-Bewerbung sollte daher nicht mehr als **maximal fünf MB** umfassen und möglichst nur Anschreiben und Lebenslauf beinhalten. Ein Unternehmen, das Interesse am Bewerber hat, fordert schnell (per Mail, wenn nicht telefonisch) weitere Informationen oder Unterlagen an.

Eine Alternative zu umfangreichen Dateianhängen ist der Link auf die eigene, gut gemachte Bewerbungs-Homepage: eine gute Möglichkeit, um einerseits über sich Auskunft zu geben und andererseits den Daten-GAU beim Unternehmen zu verhindern.

E-Mail-Bewerbungen leiden unter einem schlechten Ruf. Immer wieder klagen Personalabteilungen über die Flut unzulänglicher Bewerbungen auf dem digitalen Postweg. Es gibt viele Fehlerquellen, die einen Bewerber von vornherein in einem schlechten Licht erscheinen lassen.

Typische Fehler bei der E-Mail-Bewerbung

- E-Mails werden mitsamt einer Reihe von diversen Anhängen verschickt, deren Inhalte nicht deutlich aus dem Namen hervorgehen.
- E-Mails werden nicht gezielt an ein Unternehmen, sondern an viele Adressaten versandt.
- Bewerbungen beziehen sich nicht auf spezielle Inserate oder sind als Initiativbewerbung nach dem Motto gestrickt: »Ich würde gerne bei Ihnen mitarbeiten wollen, was können Sie mir anbieten ...«.
- Jegliche Formalität wird außer Acht gelassen.
- Die Dokumente enthalten Viren.
- Umfangreiche Dateianhänge legen das System lahm oder lassen sich nicht öffnen.

Das E-Mail-Anschreiben

Verlangt das Stellenangebot nicht ausdrücklich die vollständigen Unterlagen, sind E-Mail-Bewerbungen eher **Kurzbewerbungen** (siehe Seiten 195–197). Überhäufen Sie den Adressaten nicht mit einer unübersichtlichen Fülle von Dokumenten und Anhängen. Ein ansprechendes **kurzes Anschreiben** und ein gut getexteter, **klarer Lebenslauf** ohne Schnörkel reichen für den Erstkontakt aus.

Schicken Sie Ihre E-Mail-Bewerbung möglichst nicht an eine anonyme Pooladresse wie beispielsweise info@Firma.de oder kontakt@unternehmen.com. Hier besteht die Gefahr, dass Ihre Unterlagen nicht oder erst verspätet in die Hände des zuständigen Entscheiders gelangen. Finden Sie vorab heraus, wer Ihr **Ansprechpartner** und Empfänger ist und wie seine E-Mail-Adresse lautet. Hier können Sie auch klären, ob diese Form die bevorzugte Variante ist und welche Wünsche vorhanden sind (ohne, mit allen Anlagen oder nur die letzten Zeugnisse etc.).

Die **Betreffzeile** im Mailkopf sollte für Sie und Ihr Anliegen werben. Sie ist das Erste, was der Empfänger von Ihnen liest. Geben Sie sich daher

Mühe bei der Formulierung und machen Sie den Leser **neugierig**. Statt »Bewerbung« oder »Michaela Müller Bewerbungsunterlagen« weckt eine Betreff-Formulierung wie beispielsweise »Ihre neue Geschäftsführungs-assistentin« mehr Interesse.

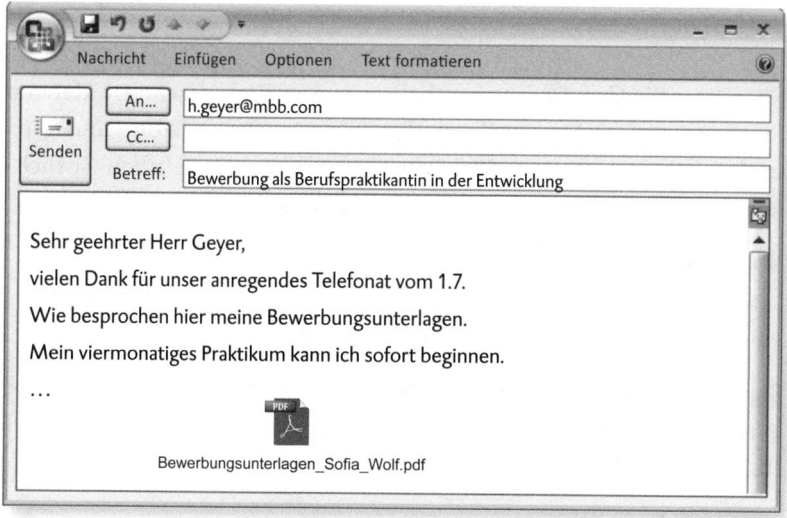

Das (erste) Anschreiben wird in der E-Mail selbst formuliert, nicht im Dateianhang. Der Anhang enthält Ihren beruflichen Werdegang, evtl. auch eine Überblicksliste mit Arbeits-, Weiterbildungs- und Ausbildungszeugnissen, die Sie auf Wunsch nachreichen.

Es gibt auch Firmen, die sich auf telefonische Nachfrage Ihr Anschreiben gesondert im Anhang wünschen. In letzterem Fall reichen einige freundliche Zeilen in der E-Mail selbst, die auf die Bewerbung und das vorherige Telefonat Bezug nehmen. Zusätzlich empfehlen wir, die **persönlichen Daten** wie Anschrift, Kontaktdaten, Social-Media-Profil, eventuell Adresse der eigenen Bewerbungs-Homepage und **drei Kernkompetenzen** passend zu dem ausgeschriebenen Stellenprofil mit hinzuzunehmen.

 Formulieren Sie in jedem Fall **individuell** für ein bestimmtes Unternehmen und eine bestimmte Position; Serienmails sind als Bewerbung ungeeignet. Beziehen Sie sich dabei auf das entsprechende **Stellenangebot** oder bei einer Initiativbewerbung auf den Anlass und Ihr besonderes Mitarbeits-Angebot.

Sprechen Sie den Verantwortlichen namentlich direkt an. Kennen Sie Ihren Ansprechpartner nicht, greifen Sie zum Telefon. Und ganz wichtig: Auch bei einer E-Mail-Bewerbung gelten die üblichen Höflichkeitsformen und die deutsche Rechtschreibung.

Konzentrieren Sie sich auf das Wesentliche und bieten Sie an, die entsprechenden Unterlagen in Form einer schriftlichen Bewerbung oder bei einer persönlichen Begegnung gern nachzureichen.

Signalisieren Sie auch Ihre Bereitschaft, vorab telefonisch für weitere Auskünfte zur Verfügung zu stehen. Nennen Sie Ihre Mobilnummer oder Ihren Festnetzanschluss mit Anrufbeantworter.

Die Form

Nehmen Sie in der E-Mail selbst kurz Bezug auf Ihren beruflichen Werdegang. Das gibt dem Leser einen **Überblick**, ob sich ein Klick in die angehängte Datei bzw. ein Ausdrucken lohnt. Ein Lebenslauf sollte, falls er als PDF-Datei beigefügt wird, genauso gut formatiert sein wie für die papierene Version.

Beschränken Sie Ihre Kreativität auf den Inhalt, nicht auf die Gestaltung des Mailtextes. Nutzen Sie die **klassischen Formatierungen** – schwarz auf weiß, einzeilig. Mit anderen Textformatierungen (fett, kursiv, bunte Hintergründe) halten Sie sich besser etwas zurück.

Dateiformat

Ihren Mail-Text schreiben Sie am besten im »**Nur-Text**«-**Format**. Für Dateianhänge sollten Sie Ihr Dateiformat sorgfältig wählen bzw. vorher telefonisch nachfragen, was von Unternehmensseite gewünscht ist. Verzichten Sie grundsätzlich auf TIF-, GIF- und EPS- sowie PSD- und BMP-Dateien. Mit Word erzeugte DOC-Dateien sind den meisten PC-Benutzern zwar vertraut, haben aber Nachteile, wenn unterschiedliche Word-Versionen installiert sind. Zum einen bleiben Layout und Formatierung bei der Datenübertragung häufig nicht erhalten, zum anderen sind Word-Dateien anfällig für Makroviren.

Eine professionelle Möglichkeit bieten **PDF-Dateien** (Portable Document Format). In PDF-Dateien bleiben alle Schriften, Formatierungen, Farben und Grafiken Ihres Dokumentes erhalten. Sie können z.B. mit kostenfreien Programmen (z. B. PDF24 Creator) Ihre Dokumente einfach und schnell in ein PDF umwandeln.

Fotos und eingescannte Dokumente (z. B. Arbeitszeugnisse) werden üblicherweise auch als PDF gespeichert und versendet. Eine Alternative ist auch hier das **JPEG-Format**.

Die Unterschrift

Sicher, es wirkt **persönlicher** und sieht **ansprechend** aus, wenn Sie Ihre **eingescannte Unterschrift** (Signatur) unter Anschreiben und Lebenslauf oder auch unter den E-Mail-Begleittext setzen, ist aber keine Bedingung. Formatiert in königsblauer Schrift wirkt Ihre eingescannte Unterschrift sehr edel und elegant.

 Testen Sie, wie Ihre E-Mail ankommt. Richten Sie sich eine zweite E-Mail-Adresse ein und schicken Sie vorab eine **Testbewerbung** an sich selbst. So können Sie prüfen, ob Ihre Mail vollständig, ordentlich formatiert und werbefrei ankommt. Richten Sie sich eine **seriöse E-Mail-Adresse** ein, blondangel@hotmail.com verrät einiges über Ihre Haarfarbe, wirkt aber auf den Personalentscheider nicht gewinnend.

Für alle E-Mail-Bewerbungen gilt:

- Die Schriftgröße sollte nicht kleiner sein als 10 Punkt.

- Die Unterschrift am Ende der Mail können Sie maschinenschriftlich vornehmen oder (nicht unbedingt nötig) Ihre Originalunterschrift in Blau scannen und einfügen.

- Reihenfolge des Mailtextes: (persönliche) Anrede, Text, Grußformel, Unterschrift, Absenderblock (mit Ihren Kontaktdaten), Hinweis auf beigefügte Anlagen-Dateien (falls welche mitgeschickt werden).

- Alles auf das Wesentliche reduzieren, keine langen Texte.

Weitere sinnvolle Anlässe für einen E-Mail-Kontakt

- **E-Mail vorab als Ankündigung für Ihre Bewerbung:** Machen Sie mit einigen kurzen Worten auf Ihre klassische Postsendung aufmerksam und wecken Sie bereits im Vorfeld die Neugierde des Empfängers.

- **E-Mail zwischendurch:** Sie haben Ihre Unterlagen verschickt und bisher nichts gehört. Nach ca. zwei Wochen ist eine **Nachfrage** per E-Mail angemessen. Erkundigen Sie sich kurz nach dem Stand der Dinge, dem Erhalt Ihrer Bewerbung und wann mit einer Rückmeldung zu rechnen ist. Bitte höflich, nicht ungeduldig oder gar vorwurfsvoll!

- **E-Mail mit Dank für die Einladung oder nach dem Vorstellungsgespräch:** Sich bedanken kommt immer gut an. Ob Sie sich für die freundliche Einladung vorab bedanken und / oder nach dem geführten Vorstellungsgespräch, bleibt Ihnen überlassen (ggf. auch beides). So bringen Sie sich den Entscheidern erneut in positive Erinnerung.

Checkliste E-Mail-Bewerbung

✓ Konzentrieren Sie sich auf das **Wesentliche**.

✓ Serienmails sind, genau wie Serienbriefe, als Bewerbung völlig ungeeignet. Formulieren Sie stets **individuell**!

✓ Beziehen Sie sich auf das entsprechende **Stellenangebot**.

✓ Sprechen Sie den **Verantwortlichen namentlich** direkt an.

✓ Auch online gelten die üblichen **Höflichkeitsformen** und die deutsche **Rechtschreibung**.

✓ Verzichten Sie auf überflüssige Formatierungen (fett, kursiv, bunte Hintergründe). Grelle Farben und Formatierungen stören gerade bei einer E-Mail. **Schwarz auf weiß** kommt besser an!

✓ Ihren **Kurzlebenslauf** schreiben Sie am besten direkt in die E-Mail. Achten Sie dabei auf gute Formatierung.

✓ Wenn Sie Anhänge (Foto, Lebenslauf, Zeugnisse) verschicken, benutzen Sie am besten das **PDF-Format**.

Das Onlineformular

Viele Unternehmen verlangen von ihren Bewerbern, sich mittels firmeneigener Formulare online zu bewerben. Hintergrund dafür ist ein **Rationalisierungsgedanke**, eine **Entlastung der Personalabteilung** durch ein digitales Auswählen nach vorher festgelegten (aber nicht veröffentlichten) Kriterien (wie Alter, Studiendauer, Notendurchschnitt bzw. Einzelnoten in bestimmten Fächern, Auslandsaufenthalte). Ziel ist es, schnell an die Bewerberkandidaten zu gelangen, die diese Vorbedingungen erfüllen und deshalb interessanter und verfolgenswerter erscheinen.

Nicht nur auf online setzen

Eine Onlinebewerbung ist nicht immer die beste Lösung für eine Bewerbung. Die Formulare sind nach **starren Vorgaben** aufgebaut und die erste Auswahl trifft ein Computer. Wer nicht genau in dieses Schema passt, fliegt bereits hinaus. Wenn Sie also keinen lückenlosen Lebenslauf haben, aber über handfestes Know-how in der entsprechenden Branche verfügen, wählen Sie besser die klassische Variante per Post bzw. per Mail. So haben Sie mehr Möglichkeiten, Ihre Fähigkeiten kreativ zu präsentieren und Lücken zu überdecken.

Aber auch wenn Sie auf Ihre Onlinebewerbung hin postwendend eine **Absage** bekommen haben, brauchen Sie noch **nicht aufzugeben**. **Versuchen Sie es noch einmal telefonisch oder schicken Sie eine Kurzbewerbung** (maximal zwei Seiten) per Post. Kontaktadresse und Telefonnummern Ihres Ansprechpartners sind normalerweise auf der entsprechenden Internetseite angegeben oder durch einen Telefonanruf herauszufinden.

Ausfüllen von Onlineformularen

Neben Rubriken, welche die **Lebensdaten** abfragen, gibt es meist auch Textfelder, die Platz für **eigene Formulierungen** zulassen. Einfache, sehr kurze Formulare stehen oft »pro forma« auf den Webseiten. Sie sollen dem interessierten Besucher und eventuellen Bewerber signalisieren, dem Unternehmen gehe es wirtschaftlich so gut, dass es offen für neue Mitarbeiter ist und potenziell expandieren wolle. Mit tatsächlich vorhandenen Jobs hat das oft wenig zu tun.

Komplexe Bewerbungsbögen sind hingegen speziell entwickelt worden und berücksichtigen personalstrategische Gesichtspunkte. Wenn Sie einen solchen Bogen ausfüllen, können Sie sicher sein, dass er (zumindest) bearbeitet wird. Ob das voll- oder teilautomatisch geschieht, bleibt offen. Je schneller Sie eine Absage bekommen, desto wahrscheinlicher ist ein automatisches, d. h. computergestütztes Auswahlverfahren, das aufgrund eines oder mehrerer Datenabgleiche und Übereinstimmungen (z. B. Alter, Bildungsabschlüsse, Notendurchschnitt, Auslandsaufenthalte, sportliche Hobbys) entscheidet, ob Sie für das Unternehmen als potenzieller Mitarbeiter interessant sind oder nicht.

Tipps zur Onlinebewerbung

- Bewerben Sie sich auf diesem Weg nur dann, wenn Sie auch den Eindruck haben, dass die Firma ernsthaft an Ihrer Onlinebewerbung interessiert ist. Ein sicheres Zeichen dafür ist eine Annonce, die direkt mit einem Onlineformular verknüpft ist.

- Lassen Sie sich auf keinen Fall vom Umfang des Eingabeformulars abschrecken. Auch wenn die verlangten Informationen nahezu endlos erscheinen, so müssen Sie diese Fleißaufgabe absolvieren (erste Prüfung: Haben Sie **Geduld** und **Durchhaltevermögen?**). Natürlich macht auch hierbei Übung den Meister und Sie werden sehen, dass Onlineformulare für Sie bald kein großes Hindernis mehr darstellen.

- Sie kennen das Phänomen: Es gibt sehr einfach verständliche Computerprogramme und leider auch unglaublich komplizierte Anwendungen. Dies gilt in gleicher Weise für Onlineformulare auf Firmenhomepages. Lesen Sie sich deshalb alle vorhandenen Hilfetexte und Erläuterungen genau durch. Gute Onlineformulare erklären bestimmte Fachbegriffe und geben Beispiele, was unter bestimmten Abstufungen, z. B. guten Fremdsprachenkenntnissen, zu verstehen ist.

Übrigens: Bei Bewerbungsformularen von größeren Konzernen werden die Bewerbungen oftmals in einem **Kandidaten-Pool** gespeichert, auf den auch andere, **mit dem Konzern verbundene Firmen** Zugriff haben. Dies steigert dann Ihre generellen Chancen, ein Angebot zu erhalten, selbst wenn es mit dem eigentlichen Traumjob bei der Wunschfirma auf Anhieb nicht klappt.

Ausbildungstechnischer / beruflicher Hintergrund

Abseits der Anmeldefragen sind natürlich die **berufsbezogenen Fragen** von besonderem Interesse. Diese wurden für konkrete Stellenprofile entwickelt und berücksichtigen personalstrategische Gesichtspunkte, wie z. B. einen speziellen **Ausbildungshintergrund**, bestimmte **Fachkompetenzen** oder nicht selten auch relevante **Praxiserfahrungen**. Beachten Sie bei der Dateneingabe, dass hierbei vielleicht auch branchenspezifische Formulierungen oder Redewendungen erwartet werden. So kann die Verwendung von bestimmten **Schlüsselbegriffen** oder **Fachwörtern** wichtige Zusatzpunkte einbringen.

Beachten Sie auch beim Ausfüllen eines Onlineformulars die bereits bekannten Erfolgsfaktoren: **Kompetenz, Leistungsmotivation und Persönlichkeit.** Zeigt sich Ihre Kompetenz in einer bestimmten Ausbildung, dann sollte dieser Punkt entsprechend gewürdigt werden. Wird Ihre Leistungsmotivation vor allem an Ihren Erfolgen (z. B. bei Praktika) sichtbar, dann gilt es auch diesen Aspekt ins rechte Licht zu rücken.

Und schätzt man Ihre **Teamfähigkeit** nicht nur im Job, sondern auch im Fußballverein, dann gehört dies ebenso authentisch und prägnant formuliert zu Ihrem Profil. Wichtig ist, dass am Ende eine klare Botschaft, z. B. »Ich bin ein vielseitig einsetzbares, routiniertes Organisationstalent«, sichtbar wird und Ihre Angaben ein stimmiges Gesamtbild ergeben.

Überlegen Sie vorab, welches Kommunikationsziel Sie verfolgen und welche Formulierungen, welche Stationen Ihres Lebenslaufes hierzu wirklich passen. Gerade bei den freien Textfeldern haben Sie dann die Chance, Ihre Persönlichkeit etwas individueller, beispielsweise durch interessante Überschriften oder prägnante Zusammenfassungen, zu präsentieren.

Hinweise zur Eingabe von Fachkompetenzen und speziellen Fähigkeiten

Ein Großteil von Online-Bewerbungsverfahren fordert Sie dazu auf, Aussagen über **Fachkompetenzen** und **spezielle Fähigkeiten** zu treffen. Dieser Vorgang kann Zeit und Nerven kosten. In vielen Fällen wird

Ihnen ein Stichwortkatalog mit diversen Themengebieten angezeigt und zu jedem Stichwort sollen Sie nun Aussagen über Ihre Kenntnisse und Erfahrungen treffen. Lassen Sie sich nicht von der großen Masse an Eingabemöglichkeiten abschrecken, sondern suchen Sie gezielt nach Ihren Kernkompetenzen, zu denen Sie eine klare Aussage machen möchten und können. Lassen Sie unbekannte Abfragen einfach aus, sofern dies möglich ist. Manchmal hilft auch der Hinweis »keine Angaben«, um das Feld nicht leer zu lassen und weiterzukommen.

Allein im Bewerbungsverfahren der Deutschen Telekom soll man Aussagen über knapp 200 persönliche Kompetenzen treffen und kann sogar noch eigene Kompetenzen hinzufügen. Den größten Kompetenzkatalog haben wir bei BMW vorgefunden, welcher scheinbar endlose Möglichkeiten zur Angabe von Fähigkeiten und Kompetenzen beinhaltet.

Offene Fragen

Häufig werden in Bewerbungsformularen Fragen wie: »Warum bewerben Sie sich bei uns?« gestellt. Hier sind **Kreativität** und **Formulierungsgeschick** gefragt. Lassen Sie sich etwas Besseres einfallen als »weil ich mein Studium beendet habe, arbeitslos bin« oder »weil es ein toller Job ist, der viel Geld bringt«. Recherchieren Sie, welche **Philosophie die Firma** hat, und passen Sie Ihre Antwort entsprechend an – ohne sich anzubiedern.

Die Kunst beim Ausfüllen besteht in der richtigen Mischung aus »angepasstem« Ausfüllen und individueller Präsentation. So können Sie Ihre eigene Persönlichkeit für andere schnell und gut erkennbar werden lassen. Teilweise können Sie auch Ihre eigenen Dokumente hochladen. Dies ist Ihre Chance, sich abseits von standardisierten Eingabemasken individuell zu präsentieren.

Bevor Sie solche Textfelder ausfüllen, überlegen Sie sich gut, was Sie schreiben. Am besten formulieren Sie zunächst einen Text in einer separaten Datei, den Sie anschließend in die Felder des Formulars kopieren.

Wichtig: Bleiben Sie stets **kurz und prägnant.** Wer zu viel schreibt, fällt unangenehm auf!

Dateianhänge

Eventuell können Sie Dokumente an die Onlinebewerbung anhängen (Zeugnisse, Zertifikate, Lebenslauf etc.). Nutzen Sie diese Möglichkeit, um Ihre Unterlagen zu übermitteln. Um genau zu wissen, was Sie in Ihrer Bewerbung geschrieben haben, ist es ratsam, sich alle Angaben zu kopieren oder auszudrucken. Kopieren Sie die Textfelder in ein separates Word-Dokument, das Sie dann abspeichern.

Wartezeit

Nachdem Sie das Onlineformular abgeschickt haben, erhalten Sie meist automatisch eine Bestätigung, dass Ihre Bewerbung angekommen ist. Wenn Sie nach etwa sieben Tagen noch nichts gehört haben, dürfen Sie per E-Mail oder telefonisch nachfragen.

Und so könnte es aussehen:
Beispiel für ein Online-Bewerbungsformular

Lassen Sie uns den Umgang mit Onlineformularen am Beispiel einer Bewerbung für ein kaufmännisches Trainee-Programm näher anschauen:

- Die ersten Formularseiten erfragen zunächst einmal die Kontaktdaten des Bewerbers.
- Danach folgen Fenster und Menüs, in denen Angaben zum Schul- und Studienabschluss, zur Aus- sowie den Weiterbildungen, zu Praktika und Abschlussarbeiten gemacht werden müssen.
- Auf der sich anschließenden Formularseite wird nach den bisherigen Beschäftigungsverhältnissen und den konkreten Arbeitsaufgaben gefragt.
- Hiernach folgen Angaben zu sonstigen Kenntnissen, beispielsweise Erfahrungen mit bestimmten Programmen, dem Führerscheinbesitz sowie den Freizeitinteressen.

- Schlussendlich hat der Bewerber dann noch die Chance, in freien Textfeldern, also mit eigenen Worten, beispielsweise zu seinen Stärken sowie beruflichen Zielen individuell Stellung zu nehmen – eine Abfrage, die inhaltlich vergleichbar mit der »Dritten Seite« ist.

Hürden

Sie sehen: Bei dieser Bewerbungsform wird inhaltlich kaum mehr als bei einer traditionellen Bewerbung verlangt. Wenn überhaupt, so liegt die Schwierigkeit in der technisch ungewohnten, ja teilweise umständlichen Dateneingabe. Beispielsweise gestaltet sich der **Registrierungsprozess** oftmals kompliziert und nimmt unerwartet viel Zeit in Anspruch. Bei manchen Firmen muss der Bewerber auch erst einmal warten, bis das notwendige Zugangspasswort per E-Mail zugeschickt wird. In den meisten Fällen ist das Akzeptieren einer **Datenschutzerklärung** eine notwendige Voraussetzung, um überhaupt zu den eigentlichen Bewerbungsformularen zu gelangen. Diese können übrigens direkt von der jeweiligen Firma installiert sein oder über einen Link zu einer Stellenbörse führen, die dann die Bewerberauswahl für die Firma übernimmt.

Warum muss man Bewerberformulare überhaupt nutzen?

Besonders die großen Konzerne drängen geradezu auf die Nutzung der aufwendig installierten Bewerberformulare oder bieten überhaupt keine andere Bewerbungsmöglichkeit mehr an. Als Gründe werden **Zeit-, Kosten- und Platzersparnis** genannt, um durch automatisierte Prozesse der Bewerberflut einigermaßen gerecht zu werden.

Natürlich ist es empfehlenswert, sich an diesen Richtlinien zu orientieren. Gleichzeitig haben standardisierte Auswahlverfahren stets den Nachteil, dass die **Individualität des Bewerbers** eher unter den Tisch fällt. Versuchen Sie deshalb im Anschreiben, im angefügten Lebenslauf sowie in den freien Textfeldern, Ihr Profil möglichst eigenständig zu präsentieren.

Außerdem empfehlen wir Ihnen, weitere Kontakte zur Firma zu suchen, also möglichst auch **Ansprechpartner für eine direkte Bewerbung** zu finden.

Bewerbungsbeispiel

Persönliche Daten

Anrede	Herr ▼	Titel	▼
Familienname	Fechner	Vorname	Felix
Geburtsdatum	2 ▼ 5 ▼ 1995 ▼	Geburtsort	Hamburg
Geburtsland	Deutschland ▼	Staatsangehörigkeit	Deutsch ▼

Anschrift Straße   Am Stadtbogen 12

Anschrift PLZ   10172   Anschrift Ort   Berlin

Bevorzugte Kontaktmöglichkeit

Tel.: 0172 9238237 oder E-Mail: felix.fechner@web.de

Für welche Stelle bewerben Sie sich?

Junior Consultant

Sind Sie auch offen für alternative Stellenangebote?

ⓘ *Wenn es sich um eine ähnliche Herausforderung handelt, so sollte dies eine Überlegung wert sein.*

Haben Sie schon einmal für unsere Firma gearbeitet?

ⓘ *Im Vorteil ist, wer bereits Firmenerfahrung z.B. durch Praktika hat.*

Sind Sie auf einen bestimmten Einsatzort fixiert?

ⓘ *Nein. Weltweite Reisebereitschaft ist vorhanden.*

Was ist Ihr frühester Eintrittstermin?

01.11.2017

Was sind Ihre Gehaltsvorstellungen?

ⓘ *Vorab übliche Branchengehälter recherchieren und in einer Spanne, z.B. 40 000 – 45 000 Euro p.a., angeben.*

Ihre Berufspraxis

08/2015–09/2016	Studentischer Mitarbeiter Rogler & Riegler Consulting AG, Berlin Assistenz bei der Entwicklung von Beratungskonzepten

Ihre Praktika/Hospitationen

01/2015–03/2015	Assistenz der Geschäftsführung (Praktikum) Deutsche Bank AG, Abt. Finance Consulting, London Ausarbeitung von internationalen Markt- und Unternehmens- studien im Bereich Home Electronics
08/2013	Projekt-Assistenz (Praktikum) Lohmann Wirtschaftsprüfungsgesellschaft mbH Potsdam Organisations- und Verwaltungs-Unterstützung

Ihre Ausbildung

08/2016	Soft Skill Workshop „Young Professional Leader" Moner Academia Barcelona
10/2014–09/2017	Studium der Betriebswirtschaftslehre (Abschluss: B. Sc.) Freie Universität Berlin Schwerpunkt: Internationale Unternehmensführung Uni-Projekt: Analyse von Managementprogrammen in der Finanzbranche Abschlussarbeit: „Vergleich int. Modelle der Unternehmenssanierung"
07/2013	Abitur Einstein-Gymnasium Potsdam Mathematisch-naturwissenschaftlicher Leistungsschwerpunkt

Außeruniversitäres Engagement

ⓘ *Projekte abseits der Universität, die idealerweise etwas mit der zukünftigen Berufsperspektive zu tun haben, sind hier gern gesehen.*

Verfügen Sie über Auslandserfahrungen?

Workshop in Barcelona (2016)
Praktikum in London (2015)
Work & Travel Australien (2014)
Work & Travel USA (2013)

Ihre wichtigsten Stärken

analytisch orientiert, kommunikationsstark

Besondere Erfolge/Leistungen

ⓘ *Hier sind außerordentlich gute Studienergebnisse, Auszeichnungen oder Projektleistungen zu erwähnen.*

Sonstige relevante Kenntnisse

ⓘ *Stets in Bezug auf die jeweilige Stelle bzw. das Stellenanforderungsprofil.*

Wie oft in der Woche sind Sie sportlich aktiv?

zwei bis drei Mal

Betreiben Sie eine Art Extremsport, z. B. Bergsteigen?

Marathon, jedoch in der verkürzten Variante, also Halbmarathon.

Ehrenämter

Beratung in betriebswirtschaftlichen Strategiefragen, Kinderheim „Sonnenschein" Berlin

Bitte nennen und bewerten Sie Ihre Sprachkenntnisse

Deutsch (Muttersprache), Englisch (verhandlungssicher), Spanisch (Grundkenntnisse)

Bitte nennen und bewerten Sie Ihre IT-Kenntnisse

MS Office (sehr gut), MS Windows (sehr gut), Internet (sehr gut)

Hobbys

Sport: Marathon, Fahrrad fahren
Musik: Soul, Jazz, Rock

Mitgliedschaften

People of Europe Society (stellv. Schatzmeister)

Veröffentlichungen/Vorträge

ⓘ *Hier findet sich doch sehr häufig etwas. Gab es vielleicht an der Universität bestimmte Projekte, die mit Veröffentlichungen oder Vorträgen verbunden waren?*

Referenzen

ⓘ *Vielleicht haben sich ja aus der Berufspraxis erste Referenzen ergeben?*

Arbeitsproben

ⓘ *Das ist Ihr Lebenslauf natürlich auch schon. Und auf Wunsch bringen Sie gerne etwas zum Vorstellungsgespräch mit.*

Was sollten wir noch über Sie wissen?

ⓘ *Gut getextet eine Riesenchance ... Lebensmotto, Vorbilder, wichtige Werte oder Arbeitsprinzipien ... Versuchen Sie individuell und passend zum zukünftigen Arbeits- und Aufgabenprofil etwas darzustellen.*

Möchten Sie Ihr Anschreiben und Ihren Lebenslauf anfügen?

ⓘ *Ja, Anschreiben und Lebenslauf sind in PDF-Dokumenten angefügt.*

Hierzu sollten Sie nicht nur im Internet die bereits erwähnten **Business-Plattformen** (siehe Seiten 108–110) nutzen, sondern sich auch im realen Leben, auf **Firmen- und Branchenmessen** persönlich vorstellen. **Eine weitere Chance ist nach wie vor der direkte Kontakt per Telefon.** Grundlage ist auch hier ein klares Kommunikationsziel, z. B. die verbal überzeugende Vorstellung als neuer Vertriebsmitarbeiter, der sich ausführlich mit der Firmenhomepage, dem Unternehmen und Branchenumfeld beschäftigt hat und im Rahmen seiner Bewerbung beispielsweise eine neue Idee für ein Großkundenprojekt präsentieren möchte.

Variationen

Manche Unternehmen bieten ihren Bewerbern an, das Formular Stück für Stück zu bearbeiten, indem sie eine **Zwischenspeicherfunktion** eingebaut haben, bei anderen Firmen muss der Bewerber das Formular in einem Zug bis zum Ende ausfüllen, weil bereits eingegebene Daten nach einer Unterbrechung ungültig werden. Andere, vorzugsweise die großen Unternehmen, haben bisweilen einen eigenen **Bewerbungsassistenten**, der beispielsweise die Vorschau auf das Formular ermöglicht und Schritt für Schritt die Bearbeitung erklärt. Dort finden sich meistens auch Begründungen, weswegen das Unternehmen eine Onlinebewerbung bevorzugt.

Praktisch ist es, wenn man am Ende nochmals die Möglichkeit hat, sämtliche Eingaben im Überblick gegenzulesen. Eine weitere sinnvolle Option ist die Chance, zu einem **späteren Zeitpunkt** bestimmte Aspekte im **Lebenslauf zu verändern bzw. zu aktualisieren.** Gerade, wenn man beabsichtigt, ein Profil für längere Zeit bei einer Firma zu hinterlegen, so können zusätzliche Lehrgänge oder Projekterfahrungen dann einfach und unkompliziert ergänzt werden.

Leider spielen die Firmen bei der Kandidatenauswahl nicht mit offenen Karten, weshalb die **Filter- bzw. Rasterkriterien** zur automatischen Bewerbereinstufung stets **Firmengeheimnis** bleiben. Hier kann man lediglich spekulieren; z. B. wenn besonders häufig Fragen zum Thema Teamfähigkeit oder zu bestimmten fachlichen Kenntnissen gestellt werden.

 Lassen Sie sich nicht irritieren, sondern versuchen Sie, möglichst technisch kompetent die Eingabefelder auszufüllen und gleichzeitig **prägnante, aussagefähige Informationen zum eigenen Profil** einzugeben.

Die optimale Form

Vergessen Sie auf keinen Fall, vor dem endgültigen Versand Ihrer Texte eine **Rechtschreibprüfung** durchzuführen. Kopieren Sie Ihre Formulierungen einfach in ein entsprechendes Textprogramm und starten Sie die automatische Prüfung. Des Weiteren sollten Sie beim Versand von Anhängen stets die **vorgegebenen technischen Parameter** beachten. Hierzu gehören: **Anzahl** der Dokumente, **Größe** der Dateien sowie vorgeschriebene **Formate**. Speichern Sie auch alle wichtigen Texte sowie die verschickten Dokumente für sich selbst ab. Dies gibt Ihnen die Möglichkeit, die gemachten Angaben vor einem Vorstellungsgespräch nochmals durchzugehen und sich einzuprägen.

Testlauf

Wir raten Ihnen beim Ausfüllen eines Onlineformulars unbedingt zu einer Art **Probedurchlauf**. Wenn Sie wirklich auf Nummer sicher gehen wollen, so spricht nichts dagegen, mit fiktiven Angaben die Onlineformulare zunächst einmal einzusehen, um dann beim erneuten Versuch mit korrekt ausgefüllten Feldern Ihre Bewerbung auf den Weg zu geben.

Die Grenzen des Verfahrens

Leider kann dieses automatisierte Auswahlverfahren auch trotz bester Vorbereitung und Durchführung sehr ungerecht sein. Eigentlich sollte es der Vergleichbarkeit einzelner Kandidaten dienen, jedoch sind hier dem Computer immer noch klare Grenzen gesetzt. Er kann nicht denken, geschweige denn intuitiv etwas erfassen, das zwischen den Zeilen steht.

Manche Firmen verwenden als Auswahlkriterium die Durchschnittsstudiendauer oder ein bestimmtes Alter des Bewerbers. Haben Sie beispielsweise BWL oder Maschinenbau (Bachelor- und Masterstudium) studiert und wegen verschiedener Praktika und Auslandsaufenthalte 13 anstatt nur 10 Semester gebraucht oder sind Sie nach Studienabschluss bereits 29 Jahre alt, dann kann es leider gut möglich sein, dass Sie durch das standardisierte Computerauswahlprogramm sofort aussortiert werden. Per E-Mail werden Sie informiert, dass man Ihnen leider kein passendes Angebot machen kann. Wenn Sie eine ungerechte Behandlung dieser Art vermuten und Sie trotzdem an dem ausgeschriebenen Job interessiert sind, so hilft nur eins: Versuchen Sie, sich auf herkömmlichen Bewerbungswegen vorzustellen. **Greifen Sie zum Telefon!**

Und vonseiten der Unternehmen ist anzumerken, dass der immer wieder so dringend gesuchte Nachwuchs an Talenten sicher nicht durch ein digitales Raster zu erfassen und zu gewinnen ist. Vielleicht ist es also nur eine Frage der Zeit, bis erfolgreiche Unternehmen nicht mehr dem Computer allein überlassen, welche Kandidaten näher zu betrachten sind und welche nicht. Denn selbst der Fortschritt durch Technik ist eben doch an dieser Stelle etwas begrenzt!

Wie schon erwähnt: Parallel oder alternativ zu Onlineformularen auf Firmenhomepages sollten Sie auch noch **weitere Bewerbungswege suchen**. Hier ein Beispiel, das uns ein Klient berichtet hat:

»Trotz der umständlichen Abläufe habe ich mich kürzlich auf der Homepage eines großen deutschen Elektrotechnik-Konzerns für eine Stelle als Physiker beworben. Sorgfältig und mit viel Engagement gab ich ausführlich alle Angaben zu meiner Person, meinen beruflichen Kompetenzen und meinem Ausbildungshintergrund ein. Leider erhielt ich bereits kurze Zeit später eine standardisierte Absage. Ich war enttäuscht, denn ich fühlte mich wirklich sehr für die Stelle geeignet. Mit diesem Ergebnis wollte ich mich deshalb nicht abfinden und suchte nach möglichen Ansprechpartnern bei dem Konzern. Ich recherchierte auf der Firmenseite, in Business-Communitys und Firmenveröffentlichungen. Am Ende hatte ich eine kleine Rangliste mit Namen von relevanten Personalern und Fachbereichsleitern, die ich für meinen neuen, telefonischen Anlauf verwenden wollte.

Über die Homepage des Unternehmens fand ich zwar nicht deren direkte Telefonnummern, jedoch allgemeine telefonische Ansprechpartner, denen ich kurz mein Profil vorstellte und dann meinen Gesprächswunsch mit Herrn XY begründete. Nicht immer hatte ich gleich Erfolg, jedoch habe ich am Ende mein Ziel erreicht und erhielt die Chance, mich sowohl per Telefon als auch mit traditionellen schriftlichen Unterlagen zu präsentieren. Und ich hatte weiter Glück: Nur wenig später wurde ich zum Vorstellungsgespräch eingeladen und bekam nach einem zusätzlichen Assessment-Center – trotz ursprünglicher Ablehnung bei den Onlineformularen – ein Jobangebot.«

Sie sehen also: **Viele Wege führen nach Rom.** Zu Ihrer Bewerbungsstrategie sollten beispielsweise auch Bewerbungen per **Telefon**, generelles **Networking** sowie eigene **Stellengesuche** zählen.

Profile auf der Firmenhomepage

Auf einigen Firmenhomepages sowie in Internet-Stellenbörsen können Sie Ihr **Berufsprofil** hinterlegen. Diese Profile werden nach entsprechenden Kriterien technisch ausgewertet und gegebenenfalls den Entscheidern weitergeleitet, die dann bei Interesse Kontakt zu Ihnen aufnehmen können. Im Grunde funktioniert dieses Verfahren wie eine **Initiativbewerbung** oder das Ausfüllen eines Onlineformulars **ohne konkrete Stellenausschreibung**.

Ob diese technischen Bewertungsverfahren immer die besten Kandidaten herausfiltern und weiterleiten, ist fraglich. Nutzen Sie daher bei solchen Firmen parallel auch andere Formen der Bewerbung.

Weitere Möglichkeiten: Website, Blog etc.

Durch Ihre eigene Website erfahren die Entscheider mehr über Sie und **Sie heben sich bei einer gut gemachten Präsentation positiv von Ihren Mitbewerbern ab.** Üblich ist die eigene Website vor allem im Kreativbereich und in der Medienbranche (z. B. Kommunikationsdesigner, Mediengestalter, Innenarchitekten, Produktdesigner) für Leute mit Projekterfahrung. So können Innenarchitekten beispielsweise Fotos bereits gestalteter Räume auf ihre Website stellen. Generell gilt: Eine für Ihre Bewerbung als Unterstützung konzipierte Website sollte auf jeden Fall gut gemacht, nicht farblich und inhaltlich überladen sein und einen Mehrwert für den zukünftigen Vorgesetzten bringen. Ihr Ziel ist es, sich prägnant, kompetent, hoch motiviert und sehr sympathisch zu präsentieren und den Arbeitgeber zu überzeugen. Haben Sie (als Berufseinsteiger) keine Arbeitsproben auf Ihrer Website zu bieten oder ist diese veraltet und langweilig, bietet eine eigene Website allerdings keinen Mehrwert.

Auch ein Weblog, kurz Blog, kann neben anderen, eher traditionellen Bewerbungsaktivitäten durchaus ein wichtiger Karrierefaktor sein, vorausgesetzt, Sie sind affiner Blogger und ein Blog passt zur Branche, für die Sie sich interessieren (vor allem Marketing, Journalismus usw.). Allerdings kann ein gut gestalteter Blog auch in anderen Branchen Erfolg versprechend sein. Ein sorgfältig aufgebauter Blog ist nicht als alleiniges Bewerbungsinstrument zu verwenden, sondern als sinn- und wertvolle, hilfreiche Unterstützung Ihrer generellen Bewerbungsaktivitäten, das aber regelmäßige »Pflege« braucht, um optimal zu wirken. Wenn Sie aktiver Blogger sind, der bereits eine interessierte Fangemeinde hat und sich mit relevanten Themen beschäftigt, kann ein Blog durchaus hilfreich für Ihre Bewerbung sein.

Eine weitere Alternative beim Bewerben in digitaler Form ist die Power-Point-Präsentation (siehe S. 199/200).

ZUSAMMENGEFASST

Online bewerben

- Aus dem modernen Bewerbungsalltag sind diese Formen nicht mehr wegzudenken. Sie müssen jederzeit damit rechnen, dass Ihnen ausschließlich die Onlinebewerbung oder nur die Kontaktaufnahme über ein Onlineformular angeboten wird. Machen Sie sich also mit diesen Wegen vertraut.

- Auch die Selbstdarstellung auf der eigenen Website oder einem Blog gehört inzwischen zum Bewerbungsrepertoire – wenn auch nicht in allen Branchen und Unternehmen.

- Vergessen Sie bei all diesen Möglichkeiten nicht, dass jede Bewerbung – egal, wie standardisiert sie daherkommt – eine individuelle Arbeitsprobe darstellt. Nutzen Sie auch und gerade im Netz jede Möglichkeit, Ihre Persönlichkeit, Ihre Fähigkeiten und Qualifikationen optimal darzustellen. Und wenn die Technik Ihnen Grenzen setzt, sei es durch »starre« Formulare oder zu wenig Raum für individuelle Ansprache, gibt es ja auch immer noch die guten alten Wege für Kontaktaufnahme, Nachfrage oder Selbstdarstellung. Rufen Sie an, gehen Sie vorbei, sprechen Sie persönlich vor.

SONDERFORMEN & -ARTEN DER BEWERBUNG

Nachdem wir die häufigsten Bewerbungsformen dargestellt haben, folgen jetzt Informationen über mögliche Sonderformen bei Ihrem Bewerbungsvorhaben:

- die Kurzbewerbung
- der Bewerbungsflyer
- die unaufgeforderte oder Initiativbewerbung
- die Bewerbung mit PowerPoint
- das Bewerbervideo

Kurzbewerbung

Schnell zur Sache kommen mit einer Kurzbewerbung – klassisch auf Papier oder per E-Mail! Entscheidendes Merkmal: die Kürze und damit **Schnelligkeit**, mit der der **Leser informiert** wird. Üblich sind **zwei Seiten:** das (knappe) **Anschreiben** (ca. eine halbe Seite) und eine zweite Seite, die die **berufliche Entwicklung** darstellt. Selten sind eine Seite (als Kombination zwischen Anschreiben und Lebenslauf) oder die Beifügung weiterer Anlagen.

Vorteil einer Kurzbewerbung auf Papier ist die preisgünstige Herstellung und der Versand. Hier braucht es keine aufwendige Verpackung; der Versand ist mit einem üblichen C6-Umschlag portogünstig durchzuführen. Auch auf den Rückversand durch den Empfänger kann verzichtet werden.

Trotz dieser wenigen Seiten sollten Sie ein **Foto** beilegen. Ob Original-
foto oder eingescannt, spielt dabei eine untergeordnete Rolle. Doch der
Trend geht eindeutig Richtung Scan. Hauptsache, ansprechend.

Wichtig bleibt Ihre **konzeptionell gut durchdachte Vorbereitung**.
Dieses Verfahren empfehlen wir jungen Hochschulabsolventen (bisweilen auch Azubis) und Kandidaten, die deutlich weniger als 40 000 Euro
im Jahr verdienen; erfahrenere Bewerber sollten lieber die umfangreichere Version wählen.

Bewerbungsflyer

Handlich, praktisch, gut. Noch kürzer als eine Kurzbewerbung ist der Bewerbungsflyer, mit dem Sie die Kosten senken und die Aufmerksamkeit
erhöhen. Solch ein Flyer ist kein Ersatz für komplette Bewerbungsunterlagen, sondern ein weiteres »Werkzeug« in Ihrem »Bewerbungskoffer«.
Ideal eignet er sich für die Initiativbewerbung. Viele Arbeitgeber, die unaufgefordert von Ihnen angeschrieben werden, finden es angenehmer,
zunächst einen kurzen Überblick über Ihre Person zu bekommen, als sich
durch viele Unterlagen zu blättern. Der Flyer funktioniert als Türöffner,
mit dem Sie herausfinden, ob Bedarf an Ihrer Mitarbeit besteht. Auch auf
Messen und Jobbörsen ist er eine ideale Möglichkeit, persönliche Kontakte zu knüpfen und ins Gespräch zu kommen. Stellen Sie sich vor, Sie
überreichen nach einer Unterhaltung Ihren Flyer mit folgenden Worten:
»Ich freue mich sehr, dass Sie sich die Zeit für mich genommen haben
und wir ein so interessantes Gespräch hatten. Ich würde gerne mehr über
die Trainee-Ausbildung/Mitarbeit bei Ihnen erfahren, darf ich Ihnen zunächst meinen Flyer geben und mich in der nächsten Woche telefonisch
melden?«

Auch wenn Sie den Flyer vielfach per Post versenden, vergessen Sie nicht,
das **Anschreiben persönlich auf den Empfänger zuzuschneiden!**

Format und Papier

Die meisten Bewerbungsflyer werden im **DIN-A4-Format** erstellt, quer, drei Spalten, **beidseitig bedruckt**. Doch gerade bei einem Flyer haben Sie die Möglichkeit, Ihren Ideen freien Lauf zu lassen. Nutzen Sie für den Flyer eine passende **Papierqualität**: nicht zu dünn, sodass die Texte der anderen Seite nicht durchschimmern, aber dünn genug, dass es sich sauber falten lässt. Lassen Sie sich gegebenenfalls beraten.

Gestaltung

Arbeiten Sie bei der optischen Gestaltung Ihres Flyers mit **Bildern, grafischen Darstellungen und Worten**. Gut platzierte und z.B. fett, farbig oder etwas größer geschriebene Formulierungen erzeugen Aufmerksamkeit und helfen dem Leser, den Inhalt des Flyers gedanklich zu strukturieren. Falls Sie Bilder einfügen, sollten diese in einem sinnvollen Zusammenhang zum Thema der Bewerbung stehen.

Tipps für Bewerbungsflyer

- Der Flyer soll handlich sein, kurz und ansprechend informieren.
- Text und Bild(er) entscheiden über Qualität und Erfolg des Flyers.
- Optimale Gelegenheiten: Initiativbewerbungen und Messebesuche
- Wenn Sie viele Stunden mit der Erstellung verbringen: Denken Sie an die Arbeitserleichterung, die er Ihnen nachher verschafft!

Initiativbewerbung

Werden Sie aktiv und bewerben Sie sich unaufgefordert; etwa **30 Prozent aller Arbeitsplätze** werden **über Initiativbewerbungen vergeben**! Denn: Oft schreibt man Positionen zunächst intern aus, bevor ein Unternehmen eine öffentliche Stellenanzeige publiziert. Oder eine Stelle ist geplant, aber die Bewerbersuche noch nicht eingeleitet. Ein neues Projekt ist angedacht, aber das entsprechende Personal noch nicht sondiert ... und gerade zu diesen Zeitpunkten ist eine aktive Bewerbung besonders Erfolg versprechend.

Durch eine Initiativbewerbung zeigen Sie **Engagement, Initiative** und **Motivation,** sichern sich eine gewisse »**Alleinstellung**« (anders als bei einer Bewerbung auf eine Stellenanzeige, wo Sie mit viel Konkurrenz rechnen müssen) und können **flexibel Ihre besonderen Qualitäten darstellen,** da Sie nicht die Anforderungen einer Stellenanzeige berücksichtigen müssen. **Weiterer Vorteil:** Selbst wenn keine Stelle frei ist, behält man vielleicht Ihre Unterlagen, bis eine entsprechende Vakanz entsteht.

Diese Form der Bewerbung stellt jedoch eine besondere Herausforderung dar. Sie erfordert viel Fingerspitzengefühl, da Sie einen **Bedarf erst wecken** wollen. Sie müssen in aller Kürze deutlich machen, warum Sie sich gerade für dieses Unternehmen interessieren und was Sie Besonderes anzubieten haben. Ein interessanter Einstieg ist wichtig, um den Leser neugierig zu machen und zum Weiterlesen zu verleiten. Auch eine dramaturgisch geschickte Präsentation Ihrer Fähigkeiten ist essenziell. Denken Sie dabei an gute TV- oder Printwerbung, die Sie neugierig gemacht oder zum Ausprobieren verleitet hat, und werben Sie entsprechend für sich.

> **Nur gut vorbereitet und zielgerichtet treffen Sie ins Schwarze.** Eine Initiativbewerbung ist umso Erfolg versprechender, je mehr Sie von der Branche und den Bedürfnissen des Unternehmens wissen. Die sorgfältige Auswahl von Branche und potenziellen Arbeitgebern, eine intensive Beobachtung des Marktes, fundierte Kenntnisse der Unternehmenssituation sowie möglichst ein konkreter Ansprechpartner im Unternehmen tragen dazu bei, dass Ihr Bewerbungsangebot treffsicher ankommt.

Viele Blindbewerbungen, die von Arbeitsuchenden verschickt werden, tragen zu Recht die Vorsilbe »blind«. Mag sein, dass auch ein blindes Huhn ein Korn findet, die meisten dieser Aktionen sind jedoch Blindgänger und erhöhen nicht nur unnötig die Ausgaben (Papier-, Mappen-, Portokosten), sondern auch die Frustration wegen der negativen Resonanz. Kein Wunder, denn **bei Bewerbungen werden Sie nur mit Qualität, nicht mit Quantität zum Ziel kommen.** Arbeitgeber merken es Ihren

Unterlagen an, ob Sie sich mit ihrem Unternehmen auseinandergesetzt haben oder ob Sie ein Standardschreiben verwenden, das Sie gleichmäßig über die Republik verteilen.

Bei der Initiativbewerbung können Sie zwischen einer **Kurz- und einer Langversion** wählen. Die Letztere enthält alle Bestandteile einer Bewerbung; eine Kurzbewerbung dagegen besteht aus dem Bewerbungsanschreiben mit allen oben dargestellten wichtigen Fakten und Argumenten zu Ihrer Qualifikation und Bewerbungsmotivation und wird – eventuell bis auf einen Lebenslauf mit Foto – ohne weitere Unterlagen versendet. Dabei sollten Sie im Anschreiben erwähnen, dass Sie auf Wunsch gerne die ausführlichen Bewerbungsunterlagen nachreichen.

Ob Sie eine Kurzbewerbung oder eine ausführliche wählen, sollten Sie in jeder **konkreten Bewerbungssituation** für sich entscheiden – es gibt kein Richtig und kein Falsch. Meist wird die Kurzform genutzt. Sie hat den Zweck, beiden Seiten eine Kontaktaufnahme zu ermöglichen. Dabei kann schnell und ohne großen Aufwand geklärt werden, wie die Chancen für ein ausführliches Bewerbungsverfahren stehen.

> Die unaufgeforderte Initiativbewerbung ist von allen Formen die schwierigste. Sie muss vorrangig der AIDA-Formel (s. S. 125) entsprechen, denn es ist ihre Hauptaufgabe, einen Bedarf an Ihren Problemlösungsfähigkeiten deutlich zu machen und Interesse an Ihrer Person zu wecken.

Weitere Sonderformen

PowerPoint

Eine Bewerbung mit PowerPoint empfiehlt sich, wenn für den entsprechenden Arbeitsplatz **sehr gute PowerPoint-Kenntnisse** gewünscht werden oder wenn eine **sehr sichere Selbstdarstellung** vorausgesetzt wird.

Gestalten Sie eine **überzeugende und gleichzeitig unaufdringliche Selbstpräsentation.** Zeigen Sie sich kompetent im Umgang mit Power-Point, ohne dabei den Bogen zu überspannen: Wenn Sie technische Spielereien verwenden, sollten diese auch zu Ihrer Bewerbung passen. Benutzen Sie nur Animationen, Grafikeffekte oder Soundoptionen, die Ihre Botschaft unterstützen und diese nicht überdecken. Wichtiger ist eine gute Dramaturgie – ein spannender Start, ein interessanter Mittelteil und ein überraschender Schluss.

Machen Sie sich bewusst, dass bei Bewerbungen im **Design- und Grafikbereich** höhere Anforderungen an die gestalterischen und technischen Fähigkeiten gestellt werden als z.B. im medizinischen, juristischen oder kaufmännischen Bereich.

Eine Präsentation in PowerPoint kann auch als PDF gespeichert werden, sodass der Empfänger nicht das entsprechende Office-Programm der Firma Microsoft benötigt. Berücksichtigen Sie aber, dass im PDF die Animationen nicht angezeigt werden. Auch Effekte, die Sie mit neueren Programmversionen erzeugt haben, werden unter Umständen nicht von älteren wiedergegeben. Ein Versand Ihrer Präsentation per E-Mail sollte nicht die üblichen Größen von etwa 5 MB überschreiten.

Bewerbervideo

Das Internet ermöglicht die Verbreitung einer Bewerbung über **ganz neue Kanäle.** Bewerbervideos der unterschiedlichsten Art sind mittlerweile auf Portalen wie YouTube oder MyVideo zu sehen. Der amerikanische Trend erfreut sich auch bei Arbeitgebern hierzulande wachsender Beliebtheit. Einige Videos erreichen Kultstatus und steigern so den Bekanntheitsgrad des Bewerbers – auch wenn sie gar nichts mit dem Beruf zu tun haben. Das geschieht jedoch leider auch nicht immer im positiven Sinne!

Achten Sie auf folgende Aspekte, um einen Personaler zu überzeugen:

- aufrechte **Körperhaltung**
- direkter offener **Blick**
- freundliches **Lächeln**
- Text, der in **zwei Minuten** auf den Punkt bringt, weswegen **Sie die beste Wahl** sind
- seriöse **Kleidung**
- geeigneter **Hintergrund**

Dadurch zeigen Sie Ihr Engagement, Ihr Auftreten und Ihre Überzeugungskraft. **Aber denken Sie daran: Ein Video kann immer nur eine Ergänzung Ihres Bewerbungsprozesses sein!**

Videobewerbungen gehören noch immer zu den neueren und hierzulande relativ selten verwendeten Bewerbungsformen. In kreativen Branchen werden sie sicherlich schon häufiger eingesetzt als in eher konservativen Geschäftsfeldern.

Eine Videobewerbung muss vor allem kurz, informativ und obendrein noch spannend sein, schon durch die Machart die (job-)relevanten Facetten des Bewerbers zeigen, auf langatmige Einleitungen verzichten und die Verbindung zwischen Firma und Bewerber begründen. Einige Dienstleister bieten die professionelle Gestaltung eines solchen Videos an.

Was Bewerbungen besonders macht

Ob schriftlich, digital oder kombiniert – mit einem persönlichen Auftritt am Telefon oder bei der direkten Übergabe –, ob eher konservativ oder unkonventionell, aufgepeppt durch ästhetische Tricks und Kniffe oder mit zusätzlichem Infomaterial versehen: **Ungewöhnliche Bewerbungsformen** sind durchaus **im Trend**. Wer sich mit der Herausforderung der positiv auffallenden Bewerbung beschäftigt, kommt zu folgenden Erkenntnissen:

Inhaltliche und formale Möglichkeiten

1. Form und Inhalt klassisch und konservativ

2. Form eher konservativ, inhaltlich unkonventionell

3. Form eher unkonventionell, dafür inhaltlich eher konservativ

4. Form und Inhalt unkonventionell

Gestalterische Möglichkeiten

- besondere optische/haptische Ansprache:
  z. B. Papier, Farbe, Wasserzeichen, Aufnahme von Logos
- andere Formate:
  quadratisch, rechteckig, quer, abweichend vom A4-Format
- außergewöhnliche inhaltliche Struktur:
  z. B. Interview, Artikel, Speisekarte, Rezept
- Überraschung durch Add-on-Strategie: zusätzliches Infomaterial
- mit besonderer Eröffnung, Anlagenübersicht, Dritter Seite, Empfehlungsschreiben
- Handgeschriebenes oder Rückantwortkarte

Wie erfolgreich eine Variante ist, hängt davon ab, ob sie zum richtigen Zeitpunkt von der richtigen Person gelesen wird. Bei dem einen wird es ein Bombenerfolg, bei dem anderen sorgt es für Unverständnis.

Es kommt auf Folgendes an:

- auf einen geglückten, kreativen Einfall, eine **außergewöhnliche Idee**, die beim Empfänger etwas zum Schwingen bringt,
- auf ein hohes Maß an **Authentizität** seitens des Absenders (also Ihrerseits), die sich in Form und Inhalt seiner Bewerbung widerspiegelt (Branche und angestrebte Position beachten!),
- auf sorgfältige **Recherche** und damit verbundene Zielgerichtetheit,
- auf eine gute Portion **Gespür** (Sensibilität, Stil etc.).

Sie brauchen eine Vision, wie und was Sie wem vermitteln wollen, und auch Gespür z. B. dafür, nicht über das Ziel hinauszuschießen. Auffallen um des Auffallens willen ist nicht der richtige Weg, denn Personaler sind bereits »allergisiert«. Niemals darf eine Bewerbung anmaßend, beleidigend oder zeitraubend (Beispiel: 50-MB-Bewerbung) sein. Um böse Überraschungen zu vermeiden, ist eine objektive Begutachtung durch Freunde empfehlenswert. Diese können Ihnen sagen, ob der Witz an der Bewerbung verständlich ist, ob wichtige Informationen fehlen oder ob grundsätzlich Zweifel am Erfolg einer solchen Bewerbungsform bestehen.

 Erteilen Sie dem Empfänger die Erlaubnis, Ihre Unterlagen zu vernichten, wenn dieser Sie nicht zum Vorstellungsgespräch einladen möchte (als PS, als letzte Seite vor den Anlagen oder als fett gedruckter Hinweis im Anlagenverzeichnis). Sie zeigen so, dass Sie praktisch mitdenken und dem Leser Arbeit und Zeit ersparen möchten – ein Sympathiepunkt, der gegebenenfalls zur Einladung zum Vorstellungsgespräch führt.

Sonderformen der Bewerbung

- In der Kreativwirtschaft wie in Werbeagenturen oder Start-ups kommen Videobewerbungen gut an. Allerdings setzt das eine gewisse Professionalität bei der Produktion voraus. Die eigene Botschaft und warum man der Beste für den Job ist sollten neben den Kontaktdaten Inhalt eines solchen Mini-Movies (1 bis max. 3 Min.) sein.

- Konservative Branchen (Banken, Handel, Versicherungen) bevorzugen immer noch den Klassiker: Anschreiben, Lebenslauf, Zeugnisse und eventuell Arbeitsproben. Sind sich Bewerber unsicher, was sie alles mitschicken sollen, lohnt sich ein Griff zum Telefon. Ein kurzes Gespräch mit der Wunschfirma hinterlässt bereits einen ersten Eindruck, von der Stimmung vor Ort und wie man behandelt wird.

- Ob off- oder online – die KLP-Formel öffnet die Türen: Kompetenz, Leistungsmotivation und die Persönlichkeit (KLP) als komprimierte, aber durchdachte Botschaften führen am sichersten zum Erfolg. Erst die Einladung und dann der Job!

IMAGE & SICHERHEIT IM INTERNET

Nicht wenige Menschen haben Bedenken, ihre intimsten Daten, wie sie eine Bewerbung nun einmal enthält, online zu verschicken. Die Angst vor **Datenmissbrauch** während des Transfers ist groß. Die Frage, was mit den Daten innerhalb des betreffenden Unternehmens geschieht, beschäftigt viele Bewerber. Auch die Firmen haben den Wunsch, sich gegen Datenmissbrauch abzusichern – beispielsweise auch gegen gefakte Bewerbungen.

Üble Nachrede und Verleumdungen, negative, diffamierende Kommentare in **Foren, Blogs oder Bewertungsportalen** können eine enorm schädigende Kraft entwickeln und Sie in Ihrer Karriere deutlich behindern. Schlimm, wenn Sie dann noch nicht einmal ahnen, warum Sie trotz eines gut verlaufenden Vorstellungsgesprächs eine Absage bekommen.

Und selbst wenn die vorgetragene Kritik unbegründet ist, die bösen Anschuldigungen überzogen oder gänzlich erfunden sind: Juristisch dagegen vorzugehen ist weder einfach noch zielführend, sondern löst in bestimmten Fällen erst recht ein öffentliches Interesse aus. Der Effekt negativer Werbung wird bisweilen verstärkt und die oft anzutreffende Haltung, dass irgendetwas davon schon stimmen wird, ist bitter, wenn Sie der Betroffene sind. Die **Möglichkeiten**, sich dagegen zu **schützen oder gar aktiv zur Wehr zu setzen, sind begrenzt**. Gut zu wissen, dass es auch dafür Profis gibt, die solchen Ärgernissen und Bedrohungen nachgehen.

Ihr Ruf im Internet

Das Internet bietet Ihnen viele neue Möglichkeiten, sich und Ihre Persönlichkeit im Bewerbungsprozess optimal zu präsentieren. Diese Möglichkeiten sollten Sie – individuell abgestimmt auf die Branche und das Unternehmen, bei dem Sie landen wollen – nutzen. Was aber vielen nicht klar ist: Wir hinterlassen heute viel mehr »**Spuren**« **im Netz**, als uns eigentlich bewusst und in manchen Fällen auch lieb ist. Wir haben einen **Ruf zu verlieren** – unsere sogenannte **Online- oder E-Reputation**. Aber was ist das eigentlich?

Im Internet ist das mit der Reputation fast wie im richtigen Leben, wobei hier noch einige besondere technische Aspekte hinzukommen. **Das Internet merkt sich alles:** Fast immer können sämtliche gespeicherten Informationen unkompliziert mit Google, Yahoo etc. recherchiert und aufgefunden werden. Probieren Sie es doch selbst einmal und geben Sie Ihren Namen bei verschiedenen Suchmaschinen ein.

Ihre Netz-Aktivitäten bleiben der Öffentlichkeit nicht verborgen. Sie sind Mitglied in einem sozialen Netzwerk wie z. B. XING oder Facebook? Bedenken Sie, dass Ihre **Verbindungen zu anderen Teilnehmern** oder Ihre **Artikel in Diskussionsforen** vielleicht von anderen eingesehen und im Bewerbungsverfahren für oder gegen Sie verwendet werden können. Sie haben eine private Homepage mit den schönsten Urlaubsbildern oder Ihrem Lieblingshobby Extrembergsteigen? Würde dies Ihrem Arbeitgeber ebenfalls gefallen? Sie besprechen gerne die unterschiedlichsten Bücher, z. B. Pokerratgeber oder Erotikbildbände, bei amazon.de oder buch.de? Lassen sich diese Rezensionen auch mit Ihrem beruflichen Engagement vereinbaren? Sie sehen: **Überlegen Sie sich generell bei allen Internet-Veröffentlichungen, wie diese mit Ihren beruflichen Zielen harmonieren.**

Achten Sie auf Ihr Image

Unser Rat: Werden Sie zum Manager Ihrer eigenen E-Reputation. Platzieren Sie **öffentliche Beiträge unter Ihrem Namen** nur dann, wenn Sie **zu Ihrem Berufsprofil passen** oder diesem zumindest nicht schaden. Bedenken Sie auch, dass in manchen Internet-Diskussionsforen die Artikel von den Lesern bewertet werden können. Hier können positive Einschätzungen in gleicher Weise Ihre Reputation steigern wie die Anzahl an sogenannten Freunden oder Fans, die mit Ihrem Internetprofil verlinkt sind. Achten Sie generell auch auf die Netiquette, also angemessene Umgangsformen im Internet. All das kann mit Suchmaschinen nachträglich recherchiert und nachgelesen werden.

Vorbildliches Beispiel

Julian Müller studiert in München Neuere Geschichte und arbeitet nebenbei als Stadtführer für jüdische Bauwerke und Sehenswürdigkeiten. Sein Ziel ist es, nach dem Studium Redakteur in einem Geschichtsverlag zu werden. Deshalb schreibt er auch gelegentlich Artikel in entsprechenden Fachzeitschriften. Im Internet hat er eine eigene Homepage sowie ein Profil bei Linkedin und einen Account bei Twitter. Auf seiner Homepage stellt er seine Stadtführungen in Bild, Text und kurzen Videos eindrucksvoll dar.

Des Weiteren findet man im Gästebuch viele Danksagungen von zufriedenen Teilnehmern. Gleichzeitig können hier auch seine wissenschaftlichen Texte eingesehen werden.

Bei Linkedin stellt Julian Müller ausführlich seine universitäre Spezialisierung, aber auch seine Stadtführungen sowie seine Autorentätigkeit vor. Hier ist er außerdem mit vielen Teilnehmern seiner Stadtführungen verlinkt; darunter befinden sich beispielsweise auch zwei anerkannte Historiker aus dem In- und Ausland. Gleichzeitig hat sein Professor ihm bei Linkedin eine Referenz für die erfolgreiche Teilnahme an einem Forschungsprojekt öffentlich hinterlegt.

Bei Julian Müllers Twitter-Account wird man nicht nur über seine eigenen Aktivitäten, z.B. seine privaten Städtereisen oder wissenschaftliche Vorträge, in Wort und Bild aktuell informiert gehalten, sondern findet auch Links zu generell interessanten Geschichtspublikationen. Hier folgen ihm deshalb zunehmend mehr Leser, die gleichzeitig über das Twitter-Profil auch wieder auf seine Homepage aufmerksam gemacht werden. Wenn Julian Müller zum Ende seines Studiums in die aktive Bewerbungsphase startet, können sich die angeschriebenen Personaler außer durch die traditionellen Bewerbungsunterlagen auch im Internet ein umfassendes Bild von ihm machen: ein Eindruck, der dann ohne Zweifel für diesen Bewerber sprechen wird, da die Kompetenzen authentisch sowie vor allem sehr vertrauenswürdig dargestellt werden.

Julian Müller platziert geschickt seine **berufsrelevanten Aktivitäten auf passenden Internetseiten**. Er **steuert aktiv** die öffentliche Wahrnehmung seines beruflichen Profils, steigert kontinuierlich seine E-Reputation und stärkt das Vertrauen in seine beruflichen Leistungen.

ZUSAMMENGEFASST

Image und Sicherheit im Internet

- Sämtliche Veröffentlichungen im Internet sollten harmonisch zu Ihrem beruflichen Profil passen.

- Wählen Sie die Internetangebote aus, z. B. eigene Website, Blog, soziale Netzwerke oder Diskussionsforen, auf denen Sie Ihre beruflichen Kompetenzen bestmöglich darstellen können.

- Beachten Sie die Wichtigkeit von Networking bzw. gegenseitigen Verlinkungen.

- Kümmern Sie sich aktiv um Ihren guten Ruf im Netz: Versuchen Sie, unliebsame Spuren selbst zu löschen, bzw. bitten Sie die Betreiber der jeweiligen Seiten darum. Schwierig wird es, wenn Sie einen Namensvetter haben, der einen eher zweifelhaften Ruf genießt. Es gibt inzwischen auch sogenannte Reputationsmanager – Dienstleister, die sich gegen eine Gebühr um Ihren Onlineruf kümmern –, z. B. www.deinguterruf.de.

BEISPIELE & KOMMENTARE

Vier Bewerbungsbeispiele zur Orientierung

Im Folgenden präsentieren wir Ihnen vier Bewerbungen unterschiedlicher Kandidaten. Die folgenden Bewerbungsbeispiele finden Sie auch online zum Download als Word-Dateien unter *www.berufundkarriere.de/ onlinecontent*. Die dargestellten Beispiele stellen lediglich verschiedene Möglichkeiten dar und sollen Ihnen als Orientierung für Ihre ersten Bewerbungen dienen. Sie eignen sich sowohl als Online-Bewerbungen als auch als schriftliche Bewerbungsunterlagen per Post.

Simon Hillberg Master International Management

ANEVA ENERGIESYSTEME GMBH & CO. KG
Frau Dr. Kühn
Schlossplatz 4
65183 Wiesbaden

Flensburg, 13.04.2017

Bewerbung als Projektmanager Repowering

Sehr geehrte Frau Dr. Kühn,

die Projektierung von Windkraftanlagen steht im Mittelpunkt meiner Qualifikation und Praxis, insbesondere im internationalen Rahmen. Die Projekte Ihres Unternehmens umfassen On- und Offshore-Anlagen, mit denen ich Erfahrungen gesammelt habe, und das Repowering älterer Anlagen, in das ich mit großem Engagement einsteigen möchte.

Das internationale Programm International Management habe ich in Frankreich mit einem Master beendet. In Kürze werde ich den Master of Engineering, Energie- und Umweltmanagement für Industrieländer an der Europa-Universität Flensburg abschließen. Zu den Trägern von Windanlagenprojekten, an denen ich mitgearbeitet habe, gehörte pwp offshore solutions, wo ich bei der Kooperation mit Contract und Claim Management viel gelernt habe. Bei Stanvion Deutschland verfasse ich gerade meine Masterarbeit.

Repowering ist im Studium ein zentrales Thema und ich sehe dieses Marktsegment als besonders nachhaltig und gewinnbringend an. Aufgrund meiner fachlichen sowie persönlichen Stärken bin ich bestens in der Lage, Betreiber und Anleger bei der Planung und Durchführung kompetent zu beraten, deren Wünsche in die Projektierung einzubringen und mit den wirtschaftlichen Erwartungen des Trägers in Einklang zu bringen. Besonders bei der Erweiterung Ihres Geschäftsgebiets auf Elsass / Lothringen könnte ich Sie mit interkulturellen Fähigkeiten sowie Sprachkenntnissen effektiv unterstützen.

Meinen Masterabschluss werde ich zwar erst im Juli erhalten, könnte Ihre vakante Position aber gern schon ab Juni annehmen. Für diese verantwortungsvolle Tätigkeit erhoffe ich mir eine Vergütung ab 50 Tsd. EUR.

Mit freundlichen Grüßen

Simon Hillberg

Simon Hillberg Große Str. 14, 24937 Flensburg – 0160 77 83 456 – hillberg.simon @gmail.de

Beruflicher Werdegang

Simon Hillberg   *21.05.1990 in Göppingen

- Master International Management und ab 07-2017 auch Master Wirtschaftsingenieur, Energie- und Umweltmanagement in Industrieländern
- Kernkompetenz: Projektplanung für internationale bzw. grenzüberschreitende Windenergieanlagen
- ca. 1 Jahr Berufspraxis plus Ausbildungsberuf
- Auslandserfahrung: Englisch, Französisch

Studium und Ausland

Studium Energy and Environmental Management in Industrial Countries, Europa-Universität Flensburg	10-2014 bis voraussichtlich 07-2017

Thema der Masterarbeit: „Besondere Herausforderungen bei der Planung grenzüberschreitender Windpark-Projekte"

Abschluss: Master of Engineering (erwartete Note: 1,7-2,0)

Auslandsstudium an der Université de Grenoble, Frankreich	08-2015 bis 06-2016

Management & Administration des Entreprises (MAE),
mit dem Schwerpunkt Managing International Business Projects
Projekt: „Trans-border Cooperation in Projecting International Wind Energy Plants"
darin enthalten: Schulung / Mentoring in Projektmanagement

Abschluss: Master International Management (Note: 1,8)

Studium International Management, Europa-Universität Flensburg	10-2011 bis 07-2014

Thema der Bachelorarbeit: „Chancen von internationalen Offshore-Windenergieparks in der Ostsee"

Abschluss: Bachelor of Arts International Management (Note: 2,1)

Berufspraktische Erfahrung

Masterand bei der Stanvion Deutschland GmbH, Hamburg	09-2016 bis 03-2017

Forschung, Mitarbeit und Evaluation des Project Supports von
Onshore-Windenergieanlagen für Deutschland, Österreich,
Tschechien, die Niederlande und Polen

Praktikant bei der pwp offshore solutions GmbH, Bremen	07-2016 bis 09-2016

Mitarbeit am Teilprojekt WEA für Offshore-Windparks,
Vorbereitung von Vertragsverhandlungen in Kooperation
mit dem Contract und Claim Management

Konzeptionierung einer Unternehmensgründung im Bereich Möbeldesign in Kooperation mit einer gemeinnützigen Initiative	03-2014 bis 08-2014

Ausbildung und Schule

Abgeschlossene Berufsausbildung als Tischler Hans-Lausch-Holzmanufaktur GbR, Schwäbisch-Gmünd	08-2006 bis 07-2009
Fachhochschulreife in Göppingen	06-2011

Sprach- und Computerkenntnisse / Interessen

Englisch: Sehr gute Kenntnisse in Wort und Schrift Französisch: Gute Kenntnisse	Sprachen
Microsoft Word, Excel, PowerPoint, Access, Project Adobe Illustrator, Photoshop CAD, C+, Grundkenntnisse SAP	IT
Fußball spielen, Kite-Surfing, Bau eines Uni-Segelzentrums	Hobbys, Volunteering

Flensburg, 13.04.2017   *Simon Hillberg*

Projektübersicht

Titel: Onshore-Windenergieanlagen für Deutschland, Österreich,　09-2016 bis 03-2017
Tschechien, die Niederlande und Polen

Träger: Stanvion Deutschland GmbH

Gesamtprojektbudget: ≥100 Mio. €, **-dauer:** 3,5 Jahre

Position und Aufgaben: Projektmitarbeiter (Masterand)
- Definition der unterschiedlichen Anteile nationaler Beteiligungen
- Auswirkungen auf die finanzielle und personelle Ausstattung
- Umgang mit unterschiedlichen nationalen Gesetzgebungen
- Organisation eines Kick-off-Meetings und Ergebnissicherung

Titel: Teilprojekt WEA für Offshore-Windparks　07-2015 bis 09-2015

Träger: pwp offshore solutions GmbH

Gesamtprojektbudget: ≥200 Mio. €, **-dauer:** 5 Jahre

Position und Aufgaben: Projektunterstützer (Praktikant)
- Recherchen zu Zielen aller beteiligten Staaten
- Bildung von Hypothesen zu den Verhandlungsstrategien
- Erarbeitung von Synergien und möglichen Gegenargumenten
- enge Kooperation mit dem Contract und Claim Management

Titel: Trans-border Cooperation in Projecting International　02-2016 bis 06-2016
Wind Energy Plants

Träger: Université de Grenoble, Ecole Universitaire de Management

Position und Aufgaben: Projektmitarbeiter (Masterand)
- Definition von Projektziel, Teilschritten und Meilensteinen
- Erarbeiten von Beteiligten, finanziellen und rechtlichen Vorgaben
- Fokus auf dem Teilziel „Gemeinsame EU-Vorgaben"
- Projektcontrolling, Reporting und Evaluation

Projektübersicht Fortsetzung

Titel: Treppenhaussäule (Gesellenstück als Tischler)   10-2008 bis 01-2009

Träger: Simon Hillberg und Hans-Lausch-Holzmanufaktur GbR

Gesamtprojektbudget: 800 €

Position und Aufgaben: Projektbearbeiter (Geselle)
- Definition von Projektziel, Teilschritten und Meilensteinen
- Beschaffen des Materials und Spezialwerkzeugs
- Durchführung und Zwischencontrolling
- Präsentation des Ergebnisses vor der Handwerkskammer

Titel: Gründung einer Möbelmanufaktur für den Outdoorbereich   03-2009 bis 08-2009

Träger: Simon Hillberg

Gesamtprojektbudget: 35.000 €, **-dauer:** 3 Jahre

Position und Aufgaben: Projektmanager (Gründer)
- Konzeption von Projektziel, Teilschritten und Meilensteinen
- Marktbeobachtung und Zielgruppenanalyse
- Definition der nächsten Projektschritte
- Kontaktaufnahme mit Behindertenwerkstatt zwecks Kooperation

Titel: Bau eines universitären Segelzentrums   Seit 07-2016

Träger: Studierendenwerk der Europa-Universität Flensburg

Gesamtprojektbudget: 40.000 €, **-dauer:** 2 Jahre

Position und Aufgaben: Teil-Projektmanager (Volunteer)
- Koordination des Materials und ehrenamtlichen Personals
- Abstimmungen mit Träger, Bauaufsicht und Sponsoren

Simon Hillberg   Große Str. 14, 24937 Flensburg – 0160 77 83 456 – hillberg.simon @gmail.de   S. 4/4

Begleitmail Variante 1

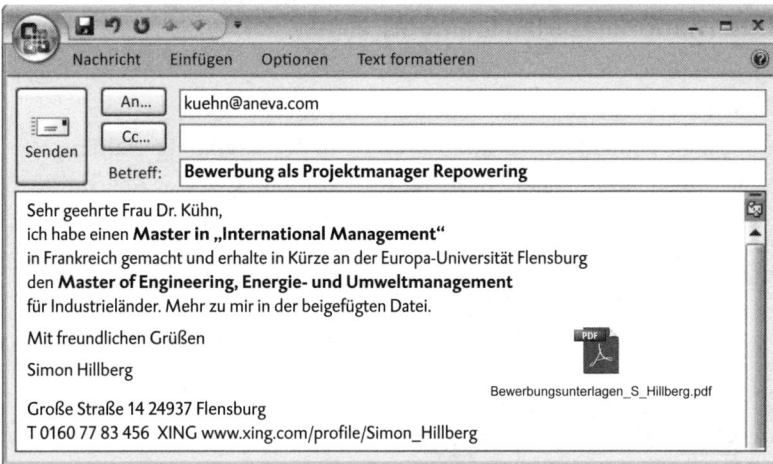

Begleitmail Variante 2

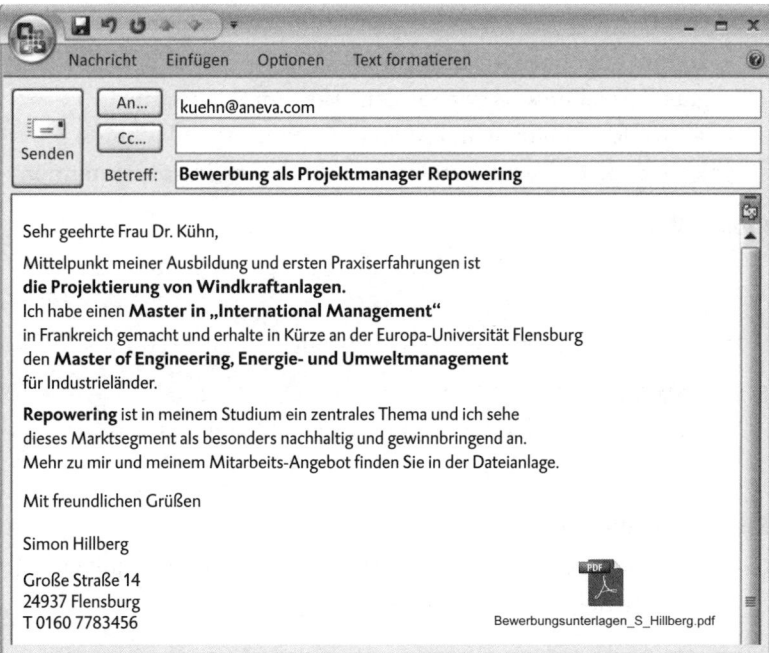

Kommentar zur Bewerbung von Simon Hillberg (Internationales Management)

Anschreiben

- eher schlichte, aber funktionale Form der Briefkopfgestaltung
- angenehmer erster Eindruck, gute Aufteilung in vier Abschnitte
- angemessener Umfang, weder überladen noch minimalistisch
- Aufmerksamkeitssteigerung durch gefettete Begriffe, macht neugierig auf die Botschaften und Zusammenhänge
- eher unspektakuläre Betreffzeile, aber gelungener Einstieg
- gute Zeilenführung, schöner Umbruch
- sehr gelungene Argumentationskette

TIPP **Gehaltswunsch 50.000 € p. a.**

Foto

- sympathischer erster Eindruck

Lebenslauf

- kommt gut ohne Deckblatt aus
- gute Darstellung der wichtigsten Daten im Kurzprofil
- sinnvolle Aufteilung und Abfolge der einzelnen Abschnitte

TIPP **evtl. die berufspraktischen Erfahrungen zuerst nennen**

Projektübersicht

- geschickte, ausführliche Darstellung der ersten beruflichen Erfahrungen
- sehr gute Inszenierung des Kandidaten

E-Mail (Variante 1)

- absolut kurz, aber inhaltlich ansprechend mit deutlich markierten Keywords

E-Mail (Variante 2)

- etwas umfangreicher durch Hinweise auf das Studium mit gut hervorgehobenen Schlüsselbegriffen

Bewerbung als Konstruktionsingenieur

Julio Sanchez-Schmidt   Schillerstraße 9   52064 Aachen
Telefon 0173 7654321   E-Mail: julio.sanchez-schmidt@tmail.com

MAHLE GmbH
Herrn Stefan Krause – Personalleitung
Pragstraße 26–46
70376 Stuttgart

14. März 2017

Ihr Stellenangebot auf mahle.com mit der Referenznummer ST157/17
Konstruktionsingenieur in der Produktentwicklung

Sehr geehrter Herr Krause,

es wird Sie nicht verwundern, dass ich angesichts Ihrer Tätigkeitsschwerpunkte, Ihrer Produktions-
stätten in Deutschland und Spanien und Ihrer Vertriebsexpansion in Richtung Lateinamerika
gerade für mich in Ihrem Unternehmen attraktive Perspektiven für meine berufliche Zukunft und
ideale Entfaltungsmöglichkeiten für meine bisherige internationale Berufspraxis in den Bereichen
Konstruktion und Entwicklung sehe.

Mein Maschinenbaustudium am Institut für Kraftfahrzeuge der Rheinisch-Westfälischen Hochschule
Aachen werde ich im Juli dieses Jahres mit dem M. Sc. Fahrzeugtechnik und Transport abschließen.
Derzeit verfasse ich meine Masterarbeit, in der ich mich mit neuen Konzepten zur Getriebeoptimie-
rung auseinandersetze.

Eingangs deutete ich bereits an, dass mich neben Ihren richtungsweisenden Produkten Ihre spanischen Niederlassungen und Ihre Erfolge in Südamerika begeistern. – Dank meines spanischen
Vaters habe ich im Laufe der Jahre sehr viel Zeit in Spanien verbracht und fühle mich dort genauso
wohl und zu Hause wie in Deutschland.

So sammelte ich z. B. in der Zeit zwischen dem Bachelor- und Masterstudium eine recht umfangreiche Entwicklungs- und Konstruktionspraxis in zwei spanischen Unternehmen. Als Entwickler bei CIE
Automotive S.A. in Bilbao übernahm ich bereits wichtige Schnittstellenaufgaben zwischen Projektbe-
teiligten und führte Änderungskonstruktionen mit dem Programm Catia durch. Unmittelbar davor war
ich in der Region Valencia beim Sportwagenhersteller GTA als Konstrukteur für Optimierungsprojekte
verantwortlich und habe in diesem Zusammenhang auch technische Dokumentationen erstellt.

Dank meines vielschichtigen Fach- und Erfahrungshintergrunds können Sie von mir erwarten, dass
ich auch für komplexe Problemstellungen rasch effektive Lösungen entwickle und umsetze. Dass
ich mich bei CIE Automotive schnell in die Werkzeugentwicklung eingearbeitet habe, ist ein gutes
Beispiel für diese Stärke.

Ihrer Anzeige entnehme ich, dass Sie die Stelle des Konstruktionsingenieurs in der Produktentwicklung zum nächstmöglichen Termin besetzen wollen. – Direkt im Anschluss an meinen Masterabschluss
im Juli will ich voll für Sie durchstarten! Meine Gehaltsvorstellungen liegen bei 50 000 EUR p. a.

Natürlich hoffe ich nun sehr, dass es mir gelungen ist, Ihre Neugier auf meine technische Kompetenz
und meine Energie zu wecken. In diesem Fall freue ich mich über Ihre Einladung zu einem persönlichen Gespräch.

Mit freundlichen Grüßen

Julio Sanchez-Schmidt

Anlagen

LEBENSLAUF

Julio Sanchez-Schmidt
Schillerstraße 9
52064 Aachen
Telefon 0173 7654321
E-Mail: julio.sanchez-schmidt@tmail.com
linkedin.com/pub/julio.sanchez-schmidt

geboren am 24. Mai 1992 in Düsseldorf
verheiratet, örtlich flexibel

MASTERSTUDIUM

seit 10.2015 **Rheinisch-Westfälische Technische Hochschule Aachen**
Maschinenbaustudium am Institut für Kraftfahrzeuge, Prof. Dr.-Ing. Lutz Eckstein
Schwerpunkte:
- Technische Mechanik
- Werkstoffkunde
- Regelungs- und Fertigungstechnik
Masterarbeit: „Neue Konzepte zur Steigerung des Wirkungsgrades von Getrieben"
Abschluss M. Sc. Fahrzeugtechnik und Transport vorauss. Juli 2017

BERUFSPRAXIS ZWISCHEN MASTER- UND BACHELORSTUDIUM

02.2015–07.2015 **CIE Automotive S.A., Bilbao, Spanien**
Spanischer Automobilzulieferer auf dem Gebiet der Schmiede- und Gusstechnik
Entwickler mit den Tätigkeitsschwerpunkten:
- Durchführung von Simulationen von Gussteilen zur Werkzeugausstattung
- Analyse eingehender CAD-Daten unter dem Aspekt der Bauteilauslegung
- Organisation von Abmusterungen und Analyse von Testergebnissen
- Unterstützung der Konstrukteure bei der Auslegung von Werkzeugen
- Abbildung und Bearbeitung von Verbesserungsmaßnahmen
- Anpassen der CAE-Systeme durch Vergleich der Bauteile/Prüfergebnisse
- Korrespondenz mit den Lieferanten auf Spanisch und Englisch

09.2014–01.2015 **Spania GTA, Ribarroja del Turia (Region Valencia), Spanien**
Sportwagenhersteller
Konstrukteur mit den Tätigkeitsschwerpunkten:
- Planung und Optimierung von Produktionsanlagen
- Unterstützung der Produktionsmitarbeiter bei technischen Problemen
- Auslegung von Anlagen und Bauteilen
- Ausarbeitung von PowerPoint-Präsentationen
- Ansprechpartner für englisch- und deutschsprachige Kunden

BACHELORSTUDIUM

10.2011–07.2014 **Technische Universität Berlin**
Maschinenbaustudium mit den Schwerpunkten Konstruktion und Fertigungstechnik
Bachelorarbeit: „Computermodell für ein energieeffizientes Bremssystem"
Note der Bachelorarbeit: 1,4
Abschluss B.Sc. Maschinenbau mit der Gesamtnote 1,8 im Juli 2014

PRAKTIKA (AUSWAHL)

06.2016 – 09.2016 **Tower Automotive Holding GmbH, Köln**
Automobilzulieferer für Karosserie-Komponenten
Praktikant mit den Aufgabenschwerpunkten:
- Implementierung von Prozessoptimierungsmaßnahmen (Six Sigma)
- Unterstützung in der Qualitätskontrolle (Kaizen)
- Rechnerunterstützte Konstruktion von Karosserierahmen

08.2012 – 09.2012 **Albrecht-Maschinenbau-GmbH, Hannover**
Pumpen und Anlagetechnik
Praktikant mit den Aufgabenschwerpunkten:
- Planung der Produktion von Bauteilen
- Unterstützung des Produktionsleiters im Tagesgeschäft
- Aufstellen und Umsetzen von Wartungsplänen für Betriebsmaschinen

STUDENTISCHES ENGAGEMENT

10.2015 – 09.2016 **Rheinisch-Westfälische Technische Hochschule Aachen**
Fachschaftsratsvorsitzender des Studiengangs Maschinenbau
am Institut für Kraftfahrzeuge
Organisationsmanagement; Ansprechpartner für Studenten und Professoren

SCHULBILDUNG

08.2002 – 07.2011 Geschwister-Scholl-Gymnasium Düsseldorf
Leistungskurse: Mathematik und Physik
Abitur im Juli 2011 mit der Note 1,6

IT-KENNTNISSE

sehr gute Anwenderkenntnisse: MS Office (Excel, Word, PowerPoint, Outlook)
gute Anwenderkenntnisse: Catia, Moldflow, Abaqus
erweiterte Anwenderkenntnisse: C#, Java, AutoCad, SolidWorks
Grundkenntnisse: Ansys, Unigraphics, Matlab, Maple, DraftSight

SPRACHEN

muttersprachliches Deutsch und Spanisch (deutsche Mutter, spanischer Vater)
verhandlungssicheres Englisch

HOBBYS

Motorsport, Fußball, Reisen

Aachen im März 2017

Julio Sanchez-Schmidt

Begleitmail von Julio Sanchez-Schmidt

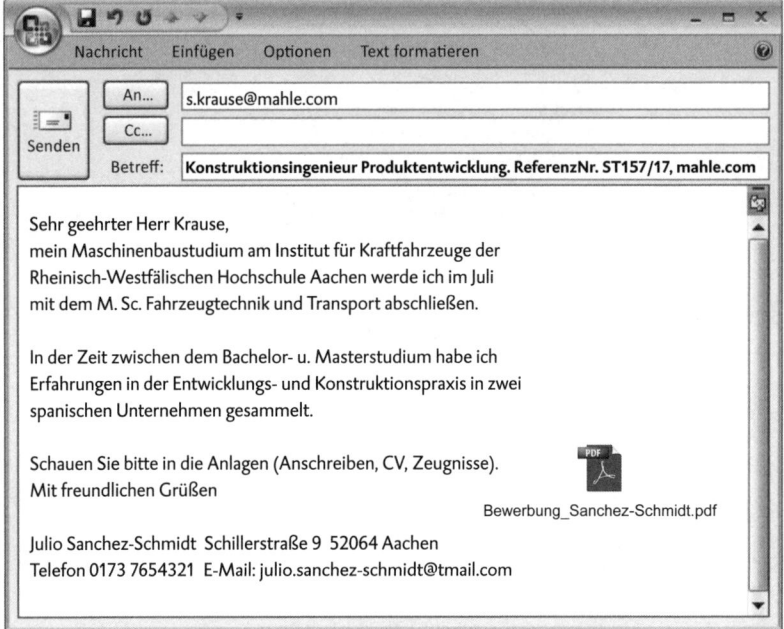

An...	s.krause@mahle.com	
Cc...		
Betreff:	**Konstruktionsingenieur Produktentwicklung. ReferenzNr. ST157/17, mahle.com**	

Sehr geehrter Herr Krause,
mein Maschinenbaustudium am Institut für Kraftfahrzeuge der
Rheinisch-Westfälischen Hochschule Aachen werde ich im Juli
mit dem M. Sc. Fahrzeugtechnik und Transport abschließen.

In der Zeit zwischen dem Bachelor- u. Masterstudium habe ich
Erfahrungen in der Entwicklungs- und Konstruktionspraxis in zwei
spanischen Unternehmen gesammelt.

Schauen Sie bitte in die Anlagen (Anschreiben, CV, Zeugnisse).
Mit freundlichen Grüßen

Bewerbung_Sanchez-Schmidt.pdf

Julio Sanchez-Schmidt Schillerstraße 9 52064 Aachen
Telefon 0173 7654321 E-Mail: julio.sanchez-schmidt@tmail.com

Kommentar zur Bewerbung von Julio Sanchez-Schmidt (Maschinenbau-Ingenieur)

Anschreiben

- positiver erster Eindruck, wenn auch ein bisschen viel Text
- sehr großer Umfang, etwas weniger wäre besser
- gute Gestaltung, aber insbesondere links etwas zu schmaler Rand
- gute Aufteilung durch relativ kurze Absätze, sehr ordentliche Zeilenführung
- gut gelungene Absendergestaltung
- Einleitungssatz gut argumentiert, aber viel zu lang

- hoher Informationsgehalt, überzeugende Argumente für den Bewerber

TIPP **Umfang kürzen oder mehr optische Hervorhebungen verwenden, Berufsbezeichnung und Social-Media-Daten in Absenderinformationen nennen, beim Gehaltswunsch besser eine Spanne angeben, Zeilenführung überarbeiten und dabei mehr auf inhaltliche Zusammenhänge achten**

Foto

- starkes Foto: durch dunklen Hintergrund leicht geheimnisvoll, dadurch hoher Aufmerksamkeitswert
- gute Qualität, angemessenes Format, wenn auch recht klassisch

TIPP **ein quadratisches Format wäre eventuell sogar noch besser**

Lebenslauf

- viel Stoff auf nur 2 Seiten, aufmerksamkeitssteigernder Effekt
- sehr ansprechendes Design ohne übertriebenes grafisches Chichi, sehr gute Zeilenführung
- gute Absendergestaltung mit Verweis auf LinkedIn-Profil
- guter, klassischer Auftakt
- sehr schön: das aufgeführte studentische Engagement und die Aufzählung von drei Hobbys (mehr sollten aber nicht erwähnt werden)
- gut vermittelter, hoher Informationsgehalt
- eher geringer Umfang, der aber aufgrund des sehr guten Inhalts ausreicht

TIPP **Angabe »verheiratet« durch »keine Kinder« oder »1 Kind« etc. ergänzen**

E-Mail

- nicht ganz minimalistisch, aber doch angenehm kurz
- gute Absatzgestaltung, leider ohne besondere Auffälligkeiten

Julia Lehmann
M. Sc. Public Health

Uhlandstraße 11
36041 Fulda
Mobil: 0151/50 26 41 31
E-Mail: julia.lehmann@gmx.net

An den
AWO Präventionsfachdienst
Münchner Str. 104
36542 Fulda

Fulda, 25. Juli 2017

Mitarbeiterin für den Präventionsfachdienst
Ihre Anzeige auf www.monster.de

Sehr geehrter Herr Dr. Kern,
sehr geehrte Damen und Herren,

rund 80.000 Stunden unseres Lebens verbringen wir am Arbeitsplatz und unser Berufsleben hat dadurch bedingt auf sämtliche private Lebensbereiche einen entscheidenden Einfluss. Nur, wenn wir ein zufriedenes Berufsleben führen und uns ein angemessenes Maß an Stress durch den beruflichen Alltag begleitet, können wir wahrscheinlich auch ein psychisch und physisch gesundes Leben führen. Davon profitieren nicht nur wir selbst, sondern auch die Arbeitgeber und die gesamtwirtschaftliche Situation eines Landes. Aufgrund dieser sehr weitreichenden Einflüsse und meiner eigenen Freude an einer ausgewogenen Work-Life-Balance gilt insbesondere der betrieblichen Gesundheitsprävention mein ganzes Interesse.

Neben meinem Studium im Bereich Public Health konnte ich bereits diverse Erfahrungen in der Gesundheitsprävention sammeln. So habe ich während eines Praktikums im internen betrieblichen Gesundheitsmanagement bei der AWO einen Gesundheitstag selbstständig konzipiert, organisiert und erfolgreich durchgeführt. Zudem habe ich im Frauenhaus die Konzeption und Durchführung von Beratungsangeboten zum Thema Sucht und Rauchen übernommen und in der Schweiz an der Evaluierung des Projektes „Gesunde Gemeinde" zur regionalen Gesundheitsförderung in Genf mitgewirkt.

Julia Lehmann
M. Sc. Public Health

Darüber hinaus verfüge ich auch noch durch meine ehrenamtliche Tätigkeit und die intensive Begleitung eines DRK-Projektes zur psychischen Gesundheit in Familien in München über weitere erste praktische Erfahrung in der Gesundheitsprävention.

Hier habe ich die Leiter eines sozialen Projektes beraten und zudem selbstständig und erfolgreich Vorträge gehalten und Workshops zu den Themen Stressmanagement, Work-Life-Balance, Zeitmanagement, Sensibilisierung für die Themen Gesundheits- und Burn-out-Prävention konzipiert und erfolgreich durchgeführt. Mit meiner Freude am Umgang mit verschiedensten Menschen sowie mit ausgeprägter Kommunikationsstärke und Begeisterungsfähigkeit ist es mir gelungen, viele Teilnehmer für diese Themen zu interessieren und zu sensibilisieren.

Ich bin es gewohnt, meine Aufgaben sehr zielstrebig und absolut eigenverantwortlich zu erledigen, lege aber auch größten Wert auf eine zuverlässige und teamorientierte, gute Zusammenarbeit mit Kollegen, weil wir meiner Meinung nach die anspruchsvollsten Ziele nur erreichen können, wenn wir einander mit unseren fachlichen Kompetenzen und unseren persönlichen Fähigkeiten ergänzen und voneinander profitieren. Zudem habe ich große Freude daran, mich selbstständig und umfangreich innerhalb kurzer Zeit in neue Themen einzuarbeiten.

Sehr gerne möchte ich künftig für den AWO Präventionsfachdienst tätig werden und mit großem Engagement und fachkompetenten Konzepten einen entscheidenden Beitrag zur Erhöhung der psychischen und physischen Gesundheit von Arbeitnehmern und somit auch zum wirtschaftlichen Erfolg der Unternehmen in der Region leisten.

Ich freue mich auf eine positive Nachricht und Ihre Einladung zum Vorstellungsgespräch.

Mit freundlichen Grüßen

Julia Lehmann

Anlagen

Julia Lehmann
M. Sc. Public Health

Julia Lehmann

Kurzprofil & Persönliche Daten

geboren am 22. Januar 1991 in Nürnberg,
aufgewachsen in München, dort die Waldorf-Schule besucht und Abitur gemacht.

- Fundierte akademische Ausbildung im Gesundheitswesen
- Erfahrung im Bereich Gesundheitsprävention:
  - o Praktikum im internen betrieblichen Gesundheitsmanagement bei der AWO mit selbstständiger Konzeption, Organisation und erfolgreicher Durchführung eines Gesundheitstages
  - o Konzeption und Durchführung von Beratungsangeboten zum Thema Sucht und Rauchen im Frauenhaus
  - o Evaluation des Projektes „Gesunde Gemeinde" zur regionalen Gesundheitsförderung in Genf
  - o Ehrenamtliches DRK-Projekt zur psychischen Gesundheit in Familien in München mit der Beratung der Projektleiter vor Ort sowie mit der selbstständigen Konzeption u. Durchführung von Vorträgen u. Workshops
- Ausgeprägte kommunikative Stärke und Begeisterungsfähigkeit
- Offenes und souveränes Auftreten
- Große Begeisterung für die heute überaus wichtige Gesundheitsprävention

Uhlandstraße 11
36041 Fulda
Mobil: 0151/50 26 41 31
E-Mail: julia.lehmann@gmx.net

Julia Lehmann
M.Sc. Public Health

Studium

10.2013 – 08.2016	**Masterstudiengang Public Health** Universität Kassel • Thema der Masterarbeit: Gruppen- und Einzeltherapie aus Patientensicht, Note: gut (1,6) • Abschluss: Master of Science • Abschlussnote: gut (2,0)
10.2010 – 09.2013	**Bachelorstudiengang Health Communication** Universität Bremen • Thema der Bachelorarbeit: Übergang aus dem Krankenhaus in die häusliche Versorgung – Möglichkeiten eines Pflegerischen Entlassungsmanagements, Note: sehr gut (1,4) • Abschluss: Bachelor of Science • Abschlussnote: gut (1,7)

Schulbildung

08.1996 – 06.2009	Freie Waldorfschule München • Abschluss: Allgemeine Hochschulreife (Note: 2,5)

Praktika

10.2015 – 12.2015	**Praktikum Masterarbeit** Rehaklinik für Psychosomatische Gesundheit, Genf • Wissenschaftliche Arbeit zum Thema: Gruppen- und Einzeltherapie aus Patientensicht
06.2015 – 08.2015	**Freiwilliges Praktikum** Rehaklinik für Psychosomatische Gesundheit, Genf • Patientenbetreuung • Mitarbeit in Qualitätsmanagement und Forschung
10.2014	**Freiwilliges Praktikum** AWO Kassel • Internes Betriebliches Gesundheitsmanagement • Beratung und Betreuung im AWO Frauenhaus • Selbstständige Konzeption, Organisation und erfolgreiche Durchführung eines Gesundheitstages
02.2012	**Freiwilliges Praktikum** Hochgebirgsklinik Davos (CH) • Mitarbeit in der Asthmaschulung und Beratung von Patienten (Einzel- und Gruppenschulungen) • Vorbereitung von Vorträgen • Hospitation und Unterstützung bei der Stationsarbeit: Führen von Patientengesprächen mit (Kindern und) Eltern, Patienten aufnahme, Visiten, Notfälle, Pflege inkl. Medikamentenvergabe

Julia Lehmann
M. Sc. Public Health

Finanzierung d. Studiums

08.2015 – 12.2015	**Mitarbeiter in der Gesundheitsprävention** Institut für Statistik, Genf • Mitarbeit in der Evaluierung des Projektes „Gesunde Gemeinde" • Anwendung qualitativer und quantitativer Forschungsmethoden • Durchführung von Befragungen
11.2014 – 05.2015	**Rufbereitschaft** Frauenhaus der AWO Kassel • Konzeption und Durchführung von Beratungsangeboten zum Thema Sucht im Allgemeinen und Rauchen
2006 – 2009	**Interviewerin** SOKO Institut für Sozialforschung & Kommunikation, Bielefeld • Fahrgastbefragung bei der Deutschen Bahn • Telefonische Interviews im Bereich der Sozialforschung

Auslandsaufenthalte

08.2016 – 06.2017	Fahrradreise durch Asien
2012 – 2015	Verschiedene Praktika in der Schweiz
2009 – 2010	Work and Travel in Australien (zehn Monate)

Jobs

2006 – 2009	Nachhilfelehrer in der Nachbarschaft
2007 – 2013	Leiter der Ferienspiele (Sommerferien, Vollzeit) Ottersberg • Fachliche und disziplinarische Führung der vier Mitarbeiter • Planung und Organisation des Freizeitprogrammes • Leitung des Freizeitprogrammes
2004 – 2007	Kinderbetreuer der Ferienspiele (Sommerferien, Vollzeit) Ottersberg

Sonstiges

- IT-Kenntnisse: Word, Excel, PowerPoint (sehr gut), SPSS (gut)
- Führerschein: Klasse BE, eigenes Auto vorhanden
- Hobbys: Squash, Kultur fremder Länder

Fulda, 25. Juli 2017   *Julia Lehmann*

Julia Lehmann
M. Sc. Public Health

Zu meiner ehrenamtlichen Tätigkeit für die DRK in München-Hasenbergl

Aufgrund meiner großen **Begeisterung für das Thema Gesundheitsprävention** und psychische Gesundheit in Familien **begleite ich seit zwei Jahren intensiv** ein soziales Projekt in München-Hasenbergl. Dieses hat die Schaffung von Heimarbeitsplätzen für Frauen zum Ziel, die so die Möglichkeit bekommen, neben Haushaltsführung und Kinderbetreuung einen existenziell notwendigen Beitrag zum monatlichen Einkommen ihrer Familien zu erzielen.

Zudem führt die Arbeit der Frauen, die bei freier Zeiteinteilung und einem fairen Lohn in Heimarbeit tätig sind, zu einem **gesteigerten Selbstwertgefühl**, das sie bislang kaum kennengelernt haben. Sie erleben **Freude** an dem, was sie herstellen, die **Wertschätzung** der Kunden, die in zahlreichen positiven Feedbacks Ausdruck findet, vor allem aber erleben sie sich als **vollwertige Mitverdiener** in den Familien.

Und so hat diese Arbeit der Frauen eine entscheidende Auswirkung auf die psychische und physische Gesundheit der Familien.

Durch die **Beratung der Projektleiter vor Ort** und durch **diverse von mir konzipierte und durchgeführte Workshops und Vorträge** ist es mir gelungen, innerhalb von zwei Jahren zehn Familien nachhaltig für Themen wie **Stress, Leistungsdruck und den Zusammenhang zwischen psychischem Wohlbefinden und körperlicher Gesundheit** zu sensibilisieren. Inzwischen verdienen zehn Frauen **in einer positiven, wertschätzenden Arbeitsatmosphäre** ein sicheres zusätzliches monatliches Einkommen für sich und ihre Familien.

Ganz besonders aufgrund der Tatsache, dass in diesem Stadtteil das Bewusstsein für viele Lebensbereiche und besonders für das Berufsleben noch keinen Einzug gehalten hat, **freue ich mich sehr über die Erfolge**, die ich bislang mit den Familien erzielen konnte.

Begleitmail von Julia Lehmann

An... kern@awo.com

Cc...

Betreff: **Mitarbeiterin für den Präventionsfachdienst Ihre Anzeige auf www.monster.de**

Sehr geehrter Herr Dr. Kern,
sehr geehrte Damen und Herren,

anbei meine kompletten Bewerbungsunterlagen.
Ich freue mich auf ein Kennenlerngespräch.

Mit freundlichen Grüßen

Julia Lehmann
M. Sc. Public Health

———————————————

Uhlandstraße 11
36041 Fulda
Mobil: 0151/50 26 41 31
E-Mail: julia.lehmann@gmx.net

Bewerbungsunterlagen_J_Lehmann.pdf

Kommentar zur Bewerbung von Julia Lehmann (Public Health)

Anschreiben

- hoher Aufmerksamkeitswert allein schon durch ungewöhnlich großen Umfang (zwei Seiten)
- klassisch schlichtes, aber sehr angenehmes Design
- nahezu vorbildliche Absendergestaltung, vorbildliche Ansprache der Empfänger in der Anrede, leider aber nicht im Anschriftenfeld
- wunderbar getextete, gut vorgetragene Botschaften und Argumente, die für die Kandidatin sprechen
- sehr selbstbewusste Verabschiedung

- meistens recht gute Zeilenführung, die man aber noch verbessern könnte

TIPP besser im Adressenfeld die Empfänger nennen, großer Umfang muss inhaltlich gerechtfertigt sein, was bei diesem Anschreiben der Fall ist → kein »Blabla«, im Zweifelsfall lieber auf eine Seite beschränken

Deckblatt

- sehr interessant und gut getextet → hoher Aufmerksamkeitswert
- schönes Design, gute Blattaufteilung, gut eingesetzte Unterschrift
- gut ausgewähltes, sorgfältig formuliertes Profil, beste Selbstdarstellung

Foto

- guter Hingucker, sehr sympathisches Lächeln, stark durch Unterschrift

TIPP Kandidatin wirkt etwas jung, daran könnte der Fotograf etwas ändern

Lebenslauf

- positiver erster Eindruck, keine grafische Überladung
- minimalistisches Design, schön klar und einfach, nach umfangreichem Anschreiben und aufwendigem Deckblatt genau richtig
- insbesondere die 2. Seite vermittelt den Eindruck einer aktiven, mutigen und fleißigen jungen Frau

TIPP die Abfolge Studium, Schulausbildung und Praktika könnte man anders handhaben (z. B. Schulausbildung deutlich weiter hinten)

Dritte Seite

- überraschend, da jetzt ausführlicher Motivationstext
- sehr sorgfältig formulierte und durch viele Fettungen hervorgehobene Botschaft, um die besondere Motivation zu unterstreichen
- mit den Fettungen nicht übertreiben, sonst verlieren sie schnell an Wirkung → bei dieser Bewerbung grenzwertig

E-Mail

- absolut minimalistisch, was dann aber durch die weiteren Dokumente wieder aufgelöst wird

Nina Schönfelder

Nymphenburger Ring 3 | 90487 Nürnberg
Phone 0551 1252367
NSchoenfelder@vhb.de
linkedin.com/pub/nschoenfelder

Anderson Consulting
Herrn Gerald Benn
Altvetterallee 200
50888 Köln

Nürnberg, 20.09.2017

Meine Bewerbung als Consultant
Ihre Anzeige in der FAZ vom 15.09.2017

Sehr geehrter Herr Benn,

nach unserem ausführlichen und, wie ich finde, sehr angenehmen Telefonat, für das ich mich nochmals bei Ihnen sehr herzlich bedanken möchte, hier meine Unterlagen.

Ich bin **Germanistin mit Nebenfach Vergleichende Literaturwissenschaft** und verfüge bereits über erste Berufspraxis bei verschiedenen Aufgaben als Consultant.

Mein Motiv, mich Ihnen vorzustellen, liegt in **meinem Wunsch** begründet, **Unternehmensprobleme zu analysieren und konkreten Lösungen zuzuführen**.

Zu meinen Stärken gehören **konzeptionelles Denken und Kommunikationsfähigkeiten** sowie ein **planerisches und zielorientiertes Vorgehen** in meiner Arbeitsweise.

Wenn ich Ihr Interesse an einer Mitarbeit durch meine Bewerbung geweckt habe, freut es mich, unser Gespräch bei einem Vorstellungstermin fortzusetzen.

Ich grüße Sie herzlich aus Nürnberg

Nina Schönfelder

PS: Besonders gerne würde ich an unser Thema Storytelling und Ethik anknüpfen!

Wer ist …
Nina Schönfelder

Warum studiert jemand Allgemeine und Vergleichende Literaturwissenschaft und Germanistik?

Bei mir war es das Interesse an den verschiedenen Arten, wie Menschen die Welt sehen, beurteilen und darstellen. Sprache und Literatur sind die Medien, in denen verschiedene Kulturen und Lebensformen ihren stärksten Ausdruck finden. Will man sie wirklich kennenlernen, dann bleibt kein anderer Weg, als ihre Analyse zu erlernen.

Und wie entsteht der Wunsch bei einer Geisteswissenschaftlerin, in einer der größten internationalen Unternehmensberatungen wie der Ihren zu arbeiten?

Mir wurde klar, dass für den wirtschaftlichen Sektor ähnliche Regeln wie für die komplexen Zusammenhänge in Sprache und Kultur, in Literatur und auch in der Arbeitswelt gelten. Meine Erfahrung zeigt mir, dass die wichtigste Aufgabe sehr häufig darin besteht, die richtigen Fragen zu stellen, um Systeme in ihrer Funktionsweise analysieren und gegebenenfalls modifizieren zu können. Ähnliches gilt auch für Literatur und wirtschaftliche Systeme.

Natürlich gehört zu meinen Erfahrungen auch, dass für praktische Veränderungen nicht theoretische Konstruktionen, sondern gewachsene Strukturen prägend sind. Fast immer sind vor allem genaues Beobachten, Zuhören und Verständnis Voraussetzungen für die Lösung eines Problems. In solchen Fällen hilft mir immer wieder mein Interesse an fremden Denk- und Handlungsweisen. Deren genaue Analyse ist jedoch, wie in der Sprache, in der Literatur und in der Arbeitswelt, nur der erste Schritt zu wirklicher Veränderung.

Nürnberg, September 2017

Nina Schönfelder

Zur Person Nina Schönfelder

geboren am 01.04.1993 in Brühl
ledig, ortsungebunden

Aktivitäten

Klassische Musik (Klavier), Schach

2007 – 2011   Leitung einer Jugendgruppe
(Teilnahme an einem Lehrgang für Jugendgruppenleiter)

2010 – 2012   Mitglied einer Schülertheatergruppe,
Redaktionsmitglied einer Schülerzeitung

Tätigkeiten

Seit Mai 2017   Freiberuflicher Consultant
Spezialisierung: Social Media und Storytelling

04.2016 – 03.2017 Studentische Hilfskraft am Institut für Vergleichende
Literaturwissenschaft der Universität Köln (Prof. Drake)
Die Tätigkeit umfasste u. a. die Mitarbeit an Publikationen
(offline/online) und Vorträgen

Seit 2016   Mitarbeit in einer Online- und Organisationsberatung

Sommer 2016   Sechsmonatiges Praktikum in einer Unternehmensberatung

Sommer 2013   Sechsmonatiges Verlagspraktikum bei Reclam, Stuttgart

Studium

Mai 2017   Abschluss als Master of Arts (M. A.) mit Note »Sehr gut«

10.2015 – 03.2017 Master-Studium an der Universität Köln
Fächer: Germanistik sowie Allgemeine und
Vergleichende Literaturwissenschaft
Masterarbeit: »Hermeneutische Untersuchungen
am Beispiel von Erzählformen des Realismus«

01.2017   Teilnahme an der Tagung »Chaos und Fraktale«
der Stiftung Carolingia in Frankfurt am Main

Nina Schönfelder

08.2016	Teilnahme am Symposium »Kunst und Ästhetik im modernen Drama« der Humboldt-Universität in Berlin
10.2012 – 09.2015	Bachelor-Studium an der Universität Hannover Fächer: Allgemeine und Vergleichende Literaturwissenschaft und Anglistik, außerdem Theaterwissenschaft und Spanisch Abschluss als Bachelor of Arts (B. A.) mit Note »gut«

Auslandserfahrung

Sommer 2006	8-wöchiger Feriensprachkurs in Cambridge, England
Sommer 2008	6-wöchiger Feriensprachkurs in Nancy, Frankreich
Sommer 2010	Schüleraustausch mit einer Partnerschule in Paris

Schulbildung

1999 – 2011	Grundschule und Gymnasium in Brühl Abschluss: Abitur Note: 1,3

Sprachkenntnisse

Englisch (fließend), Französisch (sehr gute Kenntnisse), Spanisch (gute Kenntnisse)

Sonstige Kenntnisse

Umfangreiche Kenntnisse in den Bereichen Betriebssysteme (Windows, Mac), Office-Programme, Internet / Social Media, CMS, Apps (iOS, Android), Tracking- und Analyse-Tools

Nürnberg, 20. September 2017

Nina Schönfelder

Begleitmail von Nina Schönfelder

Kommentar zur Bewerbung von Nina Schönfelder (Germanistin)

Anschreiben

- sehr hoher Aufmerksamkeitswert durch außergewöhnliche Gestaltung
- überzeugend durch schlichte Eleganz
- angenehm kurzer Umfang, sehr gute Lesbarkeit durch sehr kurze Absätze
- gut getextet, gute Vermittlung der Botschaft, sinnvoller Anknüpfungspunkt im PS
- schöne Zeilenführung, gute Betonung durch Fettungen (mehr sollten es aber nicht sein)

TIPP Berufsbezeichnung in Absenderinformationen aufführen, Unterschrift überarbeiten → waagrecht

Deckblatt (Dritte Seite)

- Überraschung beim ersten Eindruck
- sehr spannendes Design
- sehr gut getextete Überschrift
- sehr selbstbewusste Botschaft, sehr hoher Informationsgehalt
- recht viel Text, aber aufgrund des Inhalts überzeugend
- sprachlich sehr gut, extrem aufmerksamkeitssteigernd

Foto

- toller Hingucker, der Aufmerksamkeit erregt
- interessanter Hintergrund, sehr gute Platzierung
- sehr sympathisch

Lebenslauf

- sehr angenehmer erster Eindruck
- gelungene Alternative zur klassischen Überschrift »Lebenslauf«
- schlichte Eleganz beim Design
- interessante Abfolge
- gelungene inhaltliche Botschaft und hoher Informationsgehalt
- sehr klarer, aber nicht einsilbiger sprachlicher Stil

TIPP Informationen zum Studium lieber alle auf einer Seite nennen

E-Mail

- Aufmerksamkeitssteigerung durch Foto
- sehr ansprechende Gestaltung, gute optische Signale
- geringer Umfang, aber in Ordnung, ausreichender Informationsgehalt
- vorbildliche Absendergestaltung

Fertig und los

Laufen Sie nicht Gefahr, im letzten Moment noch zu scheitern. Was Ihnen mit viel Mühe, Fantasie und Sorgfalt gelungen ist, Ihr Marketing in eigener Sache zu Papier (oder auf digitalen Weg) zu bringen, Ihre gewissenhafte Vorbereitung, die zu gelungenen Bewerbungsunterlagen inklusive einem wunderbaren Anschreiben geführt hat, darf jetzt nicht gefährdet werden. Fertig – bloß schnell weg mit dem ganzen Zeug, denkt sich der strapazierte Hochschulabsolvent. Also Absende-Knopfdruck oder alles in einen Umschlag, und ab geht die (E-)Post.

Wollen Sie erfolgreich vorgehen, empfiehlt sich jedoch ein anderer Weg: Checken Sie, ob auch wirklich alles beieinander, in der richtigen Reihenfolge und unterschrieben ist. Und organisieren Sie nun auch den ordentlichen Versand, vor allen Dingen frei von Tipp- und Flüchtigkeitsfehlern. **Das gilt für Ihre Online- wie auch für die klassische Bewerbung, bei der es vor allem darum geht, den kostbaren Stapel möglichst ästhetisch zu verpacken, um auf den Inhalt neugierig zu machen.** Wählen Sie die Ihnen angemessen erscheinende Präsentationsform und informieren Sie sich, welche Art von Bindesystemen Ihren Geschmacksvorstellungen am nächsten kommt. Veraltete Präsentationssysteme (Klarsichthüllen, billige Klemmmappen oder Schnellhefter) sind nicht zu empfehlen.

Wir möchten Sie aber auch vor übertriebenem Perfektionismus warnen. Eine Einlegemappe beispielsweise, in der jedes Dokument einzeln in Klarsichthüllen präsentiert wird, könnte Ihnen leicht als Zwanghaftigkeit ausgelegt werden. Und auch auf das Material Ihrer Präsentationsmappe sollten Sie achten. Kunststoff ist verpönt, natürliche Materialien sind eher im Trend.

Denken Sie daran, die Reihenfolge Ihrer Unterlagen sinnvoll und logisch aufzubauen: Das wichtigste Dokument kommt nach oben, und dann geht es in der Folge der verschiedenen Papiere immer der Wichtigkeit nach.

Noch einmal der Hinweis: Das Anschreiben gehört nicht in die Bewerbungsmappe, sondern wird lose auf die anderen Unterlagen gelegt!

Unterlagen versenden

Überprüfen Sie vor dem Versand nochmals, ob Ihre Unterlagen auch vollständig sind. Stecken Sie dann alles in einen ausreichend großen **Umschlag mit einem verstärkten Papprücken**. Weiße Umschläge wirken besonders edel. Das Anschriftenfeld und Ihr Absender müssen mit der gleichen Sorgfalt ausgefüllt werden wie Ihre Unterlagen insgesamt. Achten Sie also auf Ihre **Handschrift**! Und vor allem: **Frankieren Sie richtig!** Nichts ist ärgerlicher, als wenn Ihr Adressat Strafporto nachzahlen muss. Wählen Sie keine Sonderzustellungsform wie etwa Einschreiben (Stichworte: »zwanghafte Persönlichkeitsstruktur«, »Misstrauen«). Eine Eilzustellung ist nur bei extremem Zeitdruck zulässig (z. B. wenn vielleicht seit Erscheinen der Anzeige schon mehr als drei Wochen verstrichen sind).

Unterlagen übergeben

Wenn Sie am Ort Ihrer Bewerbung oder in der Nähe wohnen, haben Sie eine weitere Möglichkeit, Ihre Unterlagen an den Entscheidungsträger zu bringen: **Geben Sie sie persönlich ab!** Fragen Sie sich im Unternehmen bis zur richtigen Stelle durch. Nutzen Sie die Gelegenheit für eine kurze Unterhaltung mit der Sekretärin. Das hinterlässt u. U. einen positiv bleibenden Eindruck. Man wird Sie sehr wahrscheinlich nicht einfach stehen lassen, sondern ein paar freundliche Worte mit Ihnen wechseln. Wenn Sie Glück haben, bringt die Sekretärin dem Chef Ihre Unterlagen mit einer netten Bemerkung über Ihre Person.

»... aber für meine E-Bewerbung sind doch diese Punkte ohne Relevanz?« Sicher, ob Online-Formular oder E-Mail, hier geht es nicht mehr um den Umschlag, seine Beschaffenheit, das richtige Porto und die ordentliche Empfänger-Absender-Beschriftung ...

Und doch ist auch die **Empfänger-Absender-Angabe**, die **Dokumentation** (machen Sie sich unbedingt Kopien von allen ausgefüllten Formularen und Ihren Unterlagen), der **Probeversand** an Ihre eigene E-Mail-Adresse usw. alles eine Herausforderung, die es sehr sorgfältig abzuarbeiten gilt. Nicht aus Versehen alles ohne Anlagen abschicken oder später neue Versionen »digital nachreichen«, weil Sie mit etwas Abstand peinliche Fehler entdeckt haben, die Ihnen beim Bildschirmlesen nicht gleich aufgefallen sind!

Zu guter Letzt

Fast niemand schreibt gerne Bewerbungen und bereitet sich mit Lust und Freude auf das Vorhaben vor, seine eigene Arbeitskraft am Arbeitsmarkt anzubieten. Doch gerade die Vorbereitung auf eine Bewerbung ist von ganz essenzieller Bedeutung, wenn Sie den Schritt aus der Uni in die Arbeitswelt einigermaßen unbeschadet, schnell und erfolgreich absolvieren wollen.

Und JA, schon wieder kommt eine neue Prüfung auf Sie zu – gerade nachdem oder vielleicht sogar noch während Sie mitten in Ihren letzten Prüfungen für Ihren Studienabschluss stecken. Keine einfache Situation. Abermals werden in Ihrem noch relativ jungen Leben wichtige Weichen gestellt. Sie wirken jedoch dabei ganz entscheidend mit und wir unterstützen Sie dabei.

Die meisten Absolventen hassen Bewerbungsformalien. Sie unterziehen sich nur äußerst ungern dem Schaulaufen zunächst in Form der schriftlichen Selbstdarstellung, die sie eher als Selbstbeweihräucherung erleben, später dann, wenn man endlich eingeladen wird, die persönliche und ganz direkte Selbstinszenierung, das Sich-Aufhübschen bis -aufdrängen im Frage-Antwort-Spiel.

Nicht jeder weiß mit dem Begriff »Marketing« etwas anzufangen. Und nun auch noch Marketing in eigener Sache zu betreiben fällt niemandem leicht. Als Bewerber eine angemessen kreative und auf den Empfänger abgestimmte, überzeugende Botschaft zu entwickeln erfordert Zeit, Geduld und mindestens ein paar sehr gute Einfälle. Dafür dann auch noch eine optisch attraktive Darbietungsform zu finden ist wirklich eine echte Herausforderung.

Sich überhaupt auf diesen Bewerbungs-Vorbereitungs-Prozess einzulassen und mit den richtigen Fragen an sich selbst zu beginnen, bei der Bestandsaufnahme der eigenen Fähigkeiten, aber auch der eigenen Wünsche an das berufliche Tun dranzubleiben und richtungsweisende Ergebnisse zu produzieren ist kein einfaches, aber ein notwendiges Unterfangen. Sie dabei zu unterstützen ist unser Anliegen. Unser Buch hat Ihnen (hoffentlich) als Leitfaden für die richtigen Fragen und Rückschlüsse gedient.

Die nächsten Schritte sind die konkrete Umsetzung in eine beeindruckende schriftliche Form: Sie bringt Ihnen die Einladung zum Vorstellungsgespräch, wo Sie dann eine gute Performance abliefern sollten, um die Entscheider auf Ihre Seite zu ziehen. Auch dabei unterstützen wir Sie gerne. Vertrauen Sie uns, wir arbeiten an diesem Thema seit über 30 Jahren. Nicht nur theoretisch, sondern ganz praktisch in der täglichen Beratung unser Klienten, und haben deshalb einen wirklich guten Ein- und Überblick.

Stichwortverzeichnis

Notizen

Notizen

Notizen

Notizen